南海热带气旋活动特征及预测技术方法初论

吴胜安　胡德强　编著

海洋出版社

2023年·北京

图书在版编目（CIP）数据

南海热带气旋活动特征及预测技术方法初论 / 吴胜安，胡德强编著. — 北京 : 海洋出版社, 2023.9
ISBN 978-7-5210-1136-4

Ⅰ. ①南… Ⅱ. ①吴… ②胡… Ⅲ. ①南海－热带低压－研究 Ⅳ. ①P424.1

中国国家版本馆CIP数据核字(2023)第130815号

策划编辑：江　波
责任编辑：刘　玥
责任印制：安　淼

海洋出版社 出版发行
http://www.oceanpress.com.cn
北京市海淀区大慧寺路 8 号　邮编：100081
鸿博昊天科技有限公司印刷
2023年9月第1版　2023年9月第1次印刷
开本：787mm × 1092mm　1 / 16　印张：10.5
字数：185千字　定价：88.00元
发行部：010-62100090　总编室：010-62100034

前　言

每年我国东南和华南沿海地区都会受到热带气旋的显著影响，其中海南是受到明显影响的地区之一。据统计，年均影响海南岛的热带气旋数超过 6 个，登陆的热带气旋数超过 2 个，而年均登陆我国的台风约 7 个，海南岛是热带气旋在我国登陆最频繁的地区之一。台风是影响海南的重要天气系统，台风灾害则是海南首要的气象灾害。但台风也能带来丰沛的降水，有利于缓解干旱以及增加蓄水，对维持海南岛独立水系的供需平衡起着重要作用。了解南海－西北太平洋热带气旋活动规律，进而开展其活动的预测技术方法研究，对做好针对其影响的应对决策，更好利用其带来的降水资源，并减少灾害损失有重要意义。

为了提高台风活动的预测能力，作者持续从事台风活动规律和预测技术方法相关研究，主持了海南省重点科技计划应用研究及产业化项目“海南灾害性气候事件的背景分析及预测技术研究”、中国气象局气象关键技术集成与应用项目“基于 MJO 的海南延伸期气候预测技术研究”、中国气象局气候变化专项项目“南海气象环境的气候变化特征研究”和国家自然科学基金项目“海南岛强台风事件的年际至年代际背景研究”，骨干参与了中国气象局气象关键技术集成与应用项目“海南省热带气旋季节预测的关键技术集成应用”。本书集成了本人在以上科研项目中的成果以及本人课题外的台风相关科研成果，旨在使相关成果的展示更加系统化，可作为台风相关研究的基石，为台风活动预测提供参考。

感谢国家自然科学基金委员会、中国气象局、海南省科学技术厅等为课题研究提供的经费资助；感谢我的硕士导师江志红研究员和博士导师周广庆研究员，他们同时是我论文合作者，是他们引导我走向科研之路；感谢参与课题研究和论文发表的所有合作者，他们有：郭冬艳、胡德强、孔海江、李涛、穆松宁、吴慧、邢彩盈、杨金虎、张亚杰、张永领、朱晶晶。

由于作者水平有限，书中难免存在错误和疏忽之处，恳请专家、读者批评指正。

吴胜安

2021 年 9 月

目　录

第 1 章　南海 – 西北太平洋热带气旋生成数资料不确定性

1.1　引言

中国气象局（China Meteorological Administration，CMA）、美国台风联合警报中心（Joint Typhon Warning Center，JTWC）和日本 RSMC Tokyo 台风中心（Japan Meteorological Administration，JMA）公布的台风资料在强度、频次和路径上均有差异。Yu 和 Kwon[1] 对比了三个预报中心给出的西北太平洋台风强度资料，发现尽管在总体变化趋势上三个中心是基本一致的，但是具体到某一确定时刻或时段，三者或多或少存在分歧，甚至存在变化趋势完全相反的情况。余晖等 [2] 则利用 1988—2003 年三个中心 16 年的数据，对不同来源热带气旋的强度进行了较为细致的分析比较，发现三个中心台风资料强度的差异可通过显著性统计检验。同时还指出，三个中心资料各级频数的差异无显著性统计，但没有对这种差异做更深入的分析。虽然对气候资料的均一性分析在国内外有众多的研究，也有不少用于非均一性检验的方法 [3-4]，但由于缺少参考序列，台风资料的一致性研究遇到了巨大的困难。正如余晖等 [2] 所指出的，尽管台风强度资料的差异早已受到国际台风界的关注，还在 2001 年专门召开了一次国际研讨会，探讨研制统一的西北太平洋热带气旋最佳路径（包括强度）资料集的可能性，但至今依然没有系统性的分析成果。

资料的客观性直接影响到研究结论的可信度，西北太平洋热带气旋活动与海温的关系研究就是如此。有关西北太平洋海温与热带气旋活动关系的研究很多，差别也相当明显。杨桂山和施雅凤 [5] 认为，在西北太平洋海域，海表温度偏高对应热带气旋频数也偏多，全球变暖会导致热带气旋增多。田荣湘 [6-7] 则认为全球变暖导致南半球增暖，南半球入侵西北太平洋的冷空气减弱，因而导致西北太平洋热带气旋生成数减少。同时，他认为西北太平洋热带气旋生成数有显著的减少趋势。储惠芸等[8]认为海表温度（Sea Surface Temperature，SST）与热带气旋生成数的关系并不明显，西北太平洋热带气旋活动（累计气旋能量，Accumulate Cyclone Energy，ACE）与上层海洋热力状况关系密切。陈光华和黄荣辉[9]也认为暖池次表层与生成的台风个数显著相关，当暖池处于热（冷）状态时，台风偏少（多）。但吴迪生等[10]分析了西太平洋暖池和南海次表层（100 ~ 200 m）水温变化对热带气旋（Tropical Cyclone，TC）的影响，发现当赤道西太平洋暖池次表层水温夏半年持续出现正（负）距平时，西北太平洋生成的 TC 个数比常年偏多（少）是主要现象。显然，上述的研究结论存在差异甚至矛盾的地方。这些差异一方面来自研究所取时段和区域的不同，另外一个重要的方面来自于所选台风资料的差异。

因此，无视数据资料不确定性的科研态度是不严谨的，其研究结论的可信度也将大打折扣。尽管我们不能轻易判定资料集的权威性，但当对这些台风资料之间的差异及各台风资料自身在历史上的一致性做较为深入的比较和分析后，我们在了解资料集差异的同时，对台风资料的客观性也会有一定的认识，这有助于我们在做相关研究时选取台风资料，以及谨慎评估相关的研究结论。

本文所用的中国台风资料来自中国气象局（CMA）整编的《中国气象局台风年鉴》；日本台风资料来自日本 RSMC Tokyo 台风中心；美国台风资料来自美国台风联合警报中心。除对中国和美国所有热带气旋观测进行比较外，还对二者热带风暴以上级别与日本台风资料进行了比较。三个台风资料中均对热带气旋的等级有明确的标定，本文依照资料中的标定分离出热带风暴以上级别的样本。

利用台风生成数所做的研究大多以台风生成数的年际、年代际变化为基础[11-14]，因而本文的重点在于分析不同台风资料集中台风生成数年际、年代际变化间的差异，所用的方法有相关分析、滤波、小波分析和气候稳定性 t 检验[15]。

1.2　热带气旋生成数气候值间的差异

首先，我们对西北太平洋热带气旋生成数的气候值进行了比较。由于 JTWC 台风资料不含热带低压（Tropical Depression，TD）的部分，因此这里只对 CMA 与 JTWC 热带风暴以上热带气旋（Tropical Storm，TS）进行比较。虽然网站上 JTWC 台风资料可下载的最早年份是 1945 年，但只有 1961 年以后的资料才含热带低压部分。《中国气象局台风年鉴》资料起始于 1949 年，包含有热带低压在内的所有热带气旋。表 1–1 对 1961—2006 年 CMA 与 JTWC 台风资料中西北太平洋热带气旋各季度和年生成数进行了比较。从表 1–1 中可以看出，除最小值相同外，各资料集中热带气旋生成数的均值或总频次和最大值在各季度及年份都不同，CMA 比 JTWC 的个数要偏多 10% 左右。CMA 年均热带气旋生成数比 JTWC 多 3 个（33.8 对 31.0），其中 7—9 月多 2 个（18.7 对 16.7），第四季度差异相对较小，而台风活动最活跃的第三季度差异最大。

表 1–1　1961—2006 年 CMA 与 JTWC 西北太平洋各季度和年热带气旋频次比较

单位：个

时间	均值		最小值		最大值		总频次		
	CMA	JTWC	CMA	JTWC	CMA	JTWC	CMA	JTWC	差异率 /%
1—3 月	1.5	1.4	0	0	7	5	70	63	11.1
4—6 月	4.8	4.3	0	0	13	10	220	197	11.6
7—9 月	18.7	16.7	10	10	34	26	859	769	11.7
10—12 月	8.9	8.6	4	4	16	15	407	397	2.5
年	33.8	31	21	21	53	44	1556	1426	9.1

另外，我们还比较了西北太平洋台风（为区分上述的热带气旋，本文把热带风暴以上级别的热带气旋称之为台风）生成数的差异。1951 年以后，三家单位对台风资料都有较好的记录。表 1–2 比较了 1951—2006 年 CMA、JTWC 与 JMA 西北太

平洋各季度和年台风生成数的最小值、最大值和平均值。由表 1-2 可见，第一季度台风平均个数为 1.1 个，第二季度 3.4 ~ 3.6 个，第三季度 14.5 ~ 15.0 个，第四季度 7.5 ~ 7.7 个，年均 26.6 ~ 27.4 个。与表 1-1 比较，CMA 与 JTWC 资料间台风生成数的差异比热带气旋生成数的差异明显要小，而 JMA 的台风生成数与另外两个中心的差异更小，尤其是 JMA 与 JTWC 间均值的差异。表 1-2 还可看出，CMA 的台风频次在各个季度较另两个中心资料偏多。

表 1-2　1951—2006 年 CMA、JTWC 与 JMA 西北太平洋各季度和年台风生成数比较

单位：个

时间	最小值			最大值			均值		
	CMA	JTWC	JMA	CMA	JTWC	JMA	CMA	JTWC	JMA
1—3 月	0	0	0	4	5	4	1.1	1.1	1.1
4—6 月	0	0	0	9	9	9	3.6	3.4	3.5
7—9 月	7	5	8	26	22	25	15.0	14.5	14.5
10—12 月	4	4	3	14	13	13	7.7	7.5	7.5
年	14	17	16	40	39	39	27.4	26.6	26.6

通过对不同中心台风资料各季度及年西北太平洋热带气旋和台风生成数最大值、最小值和均值或总频次的比较，发现不同资料中心的热带气旋、台风生成数的气候值存在一定的差异，热带气旋生成数的差异较为明显，台风生成数的差异相对要小，尤其表现在 JMA 与 JTWC 资料之间。CMA 资料中热带气旋、台风生成数相对偏多。

1.3　热带气旋生成数的年际、年代际和周期变化差异

1.3.1　年际变化差异

图 1-1 显示的是 1961—2006 年 CMA 与 JTWC 西北太平洋热带气旋生成数及

两者差的逐年变化曲线。由图 1–1 可见，CMA 与 JTWC 各年热带气旋生成数有明显差异，差异最大值达 20，接近其年际变化的振幅。20 世纪 70 年代以后这种差异变小，差异幅度缩小到 10 以内。由相关分析的原理可知，相关系数等于两序列协方差除以各自标准差的乘积，协方差的大小可反映两序列同步变化情况，因此，相关系数的大小可以反映两序列的同步变化情况，即两曲线的相似度。CMA 与 JTWC 1961—2006 年逐年热带气旋生成数序列的相关系数只有 0.586，而 1971—2006 年的相关系数更是降低到 0.411，这说明二者的年际变化存在明显的不协调。例如：在 CMA 资料反映的热带气旋生成数明显偏多（大于 1 倍标准差，即 $> \delta$）的 7 个年份中，JTWC 资料只有 5 个年份明显偏多，1 年略偏多（$> 0.5\ \delta$），1 年略偏少（$< -0.5\ \delta$）；而在 CMA 资料反映的热带气旋生成数明显偏少（$< -\delta$）的 5 个 1 年份中，JTWC 资料只有 2 年明显偏少，2 年略偏少，1 年略偏多。

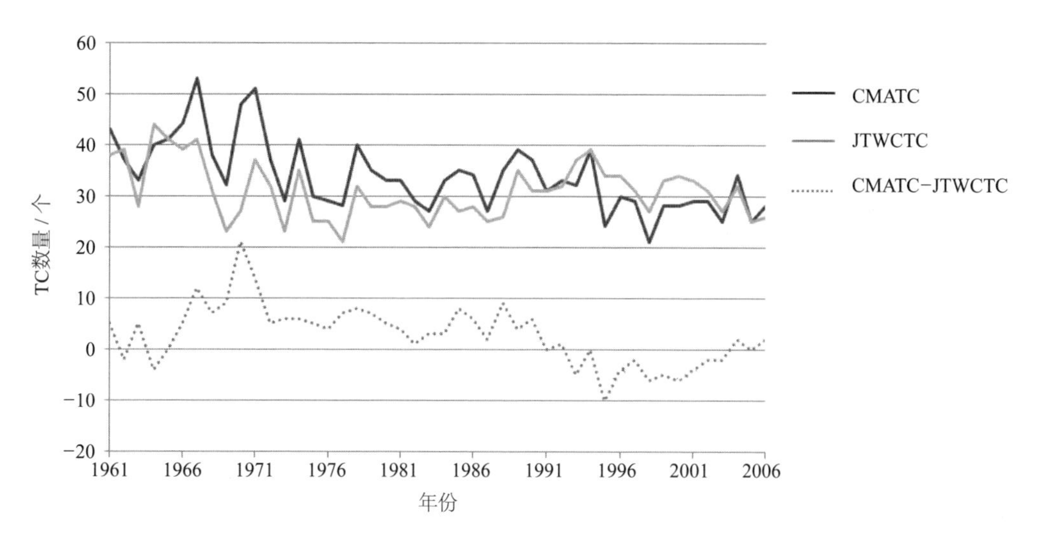

图1–1　1961—2006年CMA与JTWC西北太平洋热带气旋生成数及两者差的逐年变化曲线

图 1–2 是 1951—2006 年 CMA、JTWC 与 JMA 西北太平洋台风生成数及相互差异的逐年变化曲线。由图 1–2 可见，与前述热带气旋生成数间的差异相比，CMA 与 JTWC 台风生成数的差异显著缩小。图中还可见，JMA 与 JTWC 台风生

成数间的差异最小，20 世纪 60 年代末以后更为明显，在图中表现为细小的波浪起伏。以上说明三个中心关于台风生成数的一致性比关于热带气旋生成数的一致性要强很多，特别是 1968 年后 JTWC 与 JMA 台风生成数高度一致。表 1-3 是三个中心第三、第四季度和年台风生成数分别在 1951—2006 年和 1968—2006 年间的相关系数。由表可见，各种相关系数比上面提及的 CMA 与 JTWC 热带气旋生成数间的相关系数有显著的增大，相关系数为 0.83 ~ 0.97，进一步说明三个中心关于台风生成数的一致性比热带气旋要好很多。另外，比较而言，CMA 与 JMA 台风生成数的相关系数相对较大，而 CMA 与 JTWC 台风生成数的相关系数相对要小，说明 JMA 台风资料与另外两个中心资料一致性更好。

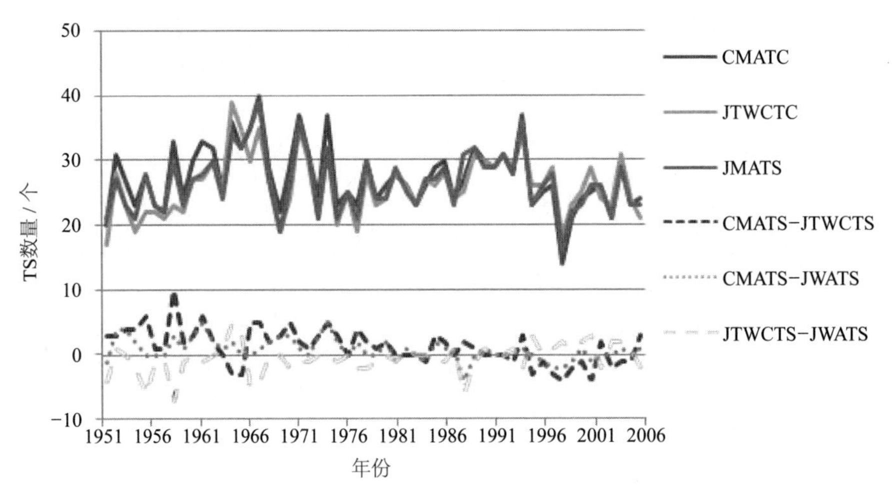

图1-2　1951—2006年CMA、JTWC与JMA西北太平洋台风生成数及相互差异的逐年变化曲线

表 1-3　CMA、JTWC 和 JMA 第三、第四季度和年台风生成数的相关系数

不同数据源序列相关	1951—2006 年			1968—2006 年		
	7—9 月	10—12 月	年	7—9 月	10—12 月	年
R(CMA, JMA)	0.937	0.957	0.940	0.899	0.968	0.937
R(CMA, JTWC)	0.887	0.828	0.839	0.878	0.833	0.870
R(JMA, JTWC)	0.896	0.870	0.885	0.933	0.860	0.925

由前面的比较可知，CMA 与 JTWC 资料间热带气旋生成数的差异主要来自热带低压的生成数。为了更清楚地说明这一点，我们分析了两中心热带低压生成数的年际变化及其差异。图 1–3 表示的是 1961—2006 年 CMA 与 JTWC 西北太平洋热带低压生成数及二者之差的逐年变化。由图 1–3 可见，CMA 的热带低压数总体比 JTWC 的要多，但在 20 世纪 90 年代后反而偏少，说明二者变化的步调有明显不一致的地方。另外，二者差异的振幅与各自序列的振幅基本相当，说明二者的差异难以忽略。对 1961—2006 年 CMA 与 JTWC 的 TD 生成数作相关分析，相关系数只有 0.135，充分说明 CMA 与 JTWC 西北太平洋热带气旋生成数差异来源于 TD 生成数的巨大差异。

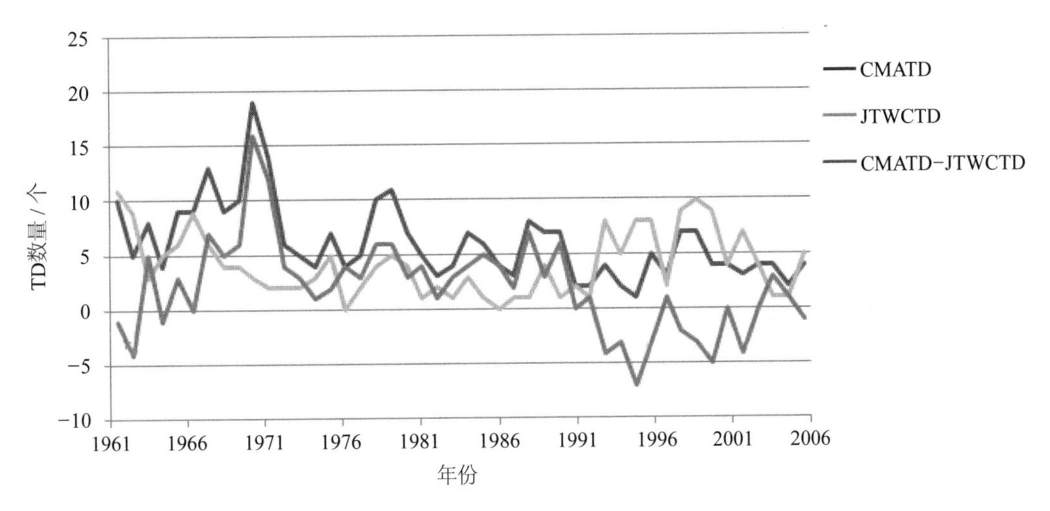

图1–3　1961—2006年CMA与JTWC西北太平洋热带低压生成数及二者差的逐年变化曲线

以上分析表明，CMA 与 JTWC 资料间热带气旋生成数年际变化差异显著且难以忽略，其差异主要来自 TD 生成数的明显不同；三个中心关于台风生成数的一致性比较好，其中 JMA 台风资料与另外两个中心资料间的一致性更好。

1.3.2　年代际和周期变化差异

由于三个资料中心台风生成数的年际变化有良好的一致性，它们的年代际变化与周期变化的差异会更小。因此，这里只分析 CMA 与 JTWC 热带气旋生成数年代际变化的差异。对原始序列进行滤波处理，去掉 7 年以下的高频变化部分。图 1-4 是 1961—2006 年 CMA、JTWC 西北太平洋 7—9 月与年热带气旋生成数的低频变化曲线。由图 1-4 可见，无论是台风最活跃的 7—9 月，还是整年，CMA 与 JTWC 关于西北太平洋热带气旋生成数的年代际变化均存在着很大的差异。20 世纪 90 年代前，尽管两个中心的热带气旋生成数基本为同位相的年代际变化，但 JTWC 的负相位早于 CMA，其持续时间比 CMA 长。而 20 世纪 90 年代，CMA 与 JTWC 则互为反相，CMA 为负相，而 JTWC 则为正相。正因为如此，用 CMA 资料分析西北太平洋热带气旋的变化趋势，可发现其有显著减少趋势 [9]，但用 JTWC 资料做同样的趋势分析，发现其变化趋势并不明显。1961—2006 年，JTWC 资料中西北太平洋热带气旋生成数的倾向率仅为每 10 年 −0.8，远少于 CMA 的每 10 年 −3.1。另外，其趋势系数为 −0.188，无法通过显著性检验。而 CMA 中 TC 的趋势系数为 −0.617，可通过信度 99% 的显著性检验。7—9 月西北太平洋热带气旋生成数年代际变化间的差异与年变化基本相似。4—6 月和 10—12 月这种年代际变化间的差异也很明显（图略）。10—12 月，CMA 与 JTWC 热带气旋生成数在 1970 年前是反相变化，20 世纪七八十年代同相变化，而 20 世纪 90 年代又是反相变化；4—6 月的差异主要在 20 世纪 60 年代中期到 20 世纪 70 年代后期。

为了比较 CMA 与 JTWC 西北太平洋热带气旋生成数周期变化的差异，我们分别对其序列作小波分析（图 1-5）。图 1-5 显示的是 1961—2006 年西北太平洋年和 7—9 月热带气旋生成数小波分析的实部。由图 1-5 可见，CMA、JTWC 在 7—9 月和年内热带气旋生成数长约 32 年的准周期均很明显，且位置与位相无明显差异。另外，约 20 年的周期 [10] 和 7—9 月约 15 年的周期，二者的变化也大致相同。因此可以说二者的周期变化没有明显差异。

从以上的分析可知，虽然我们看不出 CMA 与 JTWC 西北太平洋热带气旋生成数的周期变化间的明显差异，但二者之间年代际变化上的差异却是明显的，主要表现为 20 世纪 90 年代的反相位。

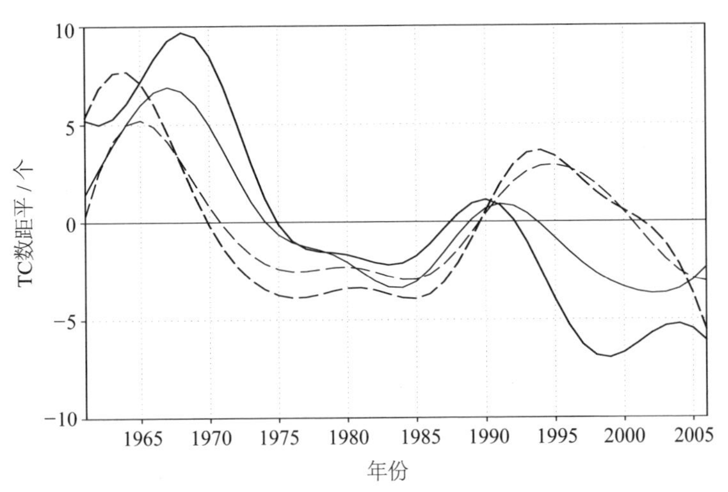

图1-4　1961—2006年CMA、JTWC西北太平洋7—9月与年热带气旋生成数的低频变化曲线

（粗实线：CMA，年；粗虚线：JTWC，年；细实线：CMA，7—9月；细虚线：JTWC，7—9月。）

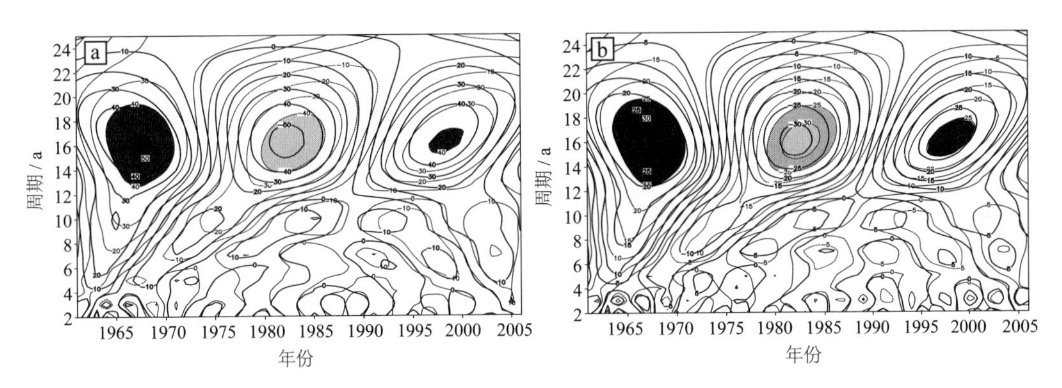

图1-5　1961—2006年CMA（有阴影，细线条）、JTWC（无阴影，粗线条）西北太平洋年（a）与7—9月（b）热带气旋生成数小波分析实部

1.4　台风资料的均一性分析

观测方法的改变常会导致观测数据的非均一性，台风数据也是如此。世界上第一颗气象卫星发射于 1960 年，但气象卫星一开始只识别大尺度的云区，而云对应

的中尺度结构难以识别，这一技术 20 世纪 60 年代后期才慢慢完善。因此，理论上 20 世纪 60 年代后期前后台风资料可能存在非均一性。那么，台风资料是否确实存在非均一性？我们用统计的方法能否检测到这种非均一性？

1.2 节中我们发现，虽然 1951—2006 年三个资料中心西北太平洋台风生成数的一致性较好，但在 1968 年前后依然有较大的差别。1968 年之前差异较大，1968 年以后差异明显变小。对 CMA、JTWC 和 JMA 台风生成数自身序列、相互间差异序列分别取 1951—1967 年和 1968—2006 年子序列做差异 t- 检验，所得 t 值列举在表 1-4 中。从表 1-4 中可以看出，CMA、JTWC 西北太平洋年或 7—9 月台风生成数之间的差异在 1968 年前后存在显著的差异，可通过 0.05 的显著性水平检验；CMA 与 JMA 西北太平洋年台风生成数之间的差异同样存在显著性差异；而 JTWC 与 JMA 西北太平洋台风生成数之间差异在 1968 年前后的差异也很明显，可通过 0.1 显著性水平的差异 t- 检验。1968 年前后的这种差异从一个侧面说明台风资料可能存在非均一性。这与储惠芸等 [8] 认为的可靠的台风资料始于 1969 年或 1970 年。本章之所以用 1968 年作为分界点，是因为该年西北太平洋台风生成数的差异在邻近的 5 年中最少。由于卫星气象学在 20 世纪 60 年代后期的日益完善，各个单位对台风的监测均逐渐迫近客观，因而单位之间的差异变得很小。而在此之前，由于各单位均存在一定的误差，因而带来一定的差异。值得说明的是，我们的诊断未能检验出各单位台风生成数序列本身在时间上的显著性差异。

表 1-4　CMA、JTWC、JMA 西北太平洋台风生成数 1951—1967 年和 1968—2006 年差异 t- 检验

t 值	CMATS	JTWCTS	JMATS
年	1.6	0.73	1.03
7—9 月	0.99	−0.22	0.57
t 值	CMATS−JTWCTS	CMATS−JMATS	JTWCTS−JMATS
年	2.96**	2.01**	1.99*
7—9 月	2.72**	1.2	1.79*

注：** 表示通过 0.05 显著性水平检验，* 表示通过 0.1 显著性水平检验。

以上分析表明，由于观测方法的进步，西北太平洋台风生成数资料可能在 20 世纪 60 年代后期前后存在一定的非均一性，20 世纪 60 年代后期以后的台风生成数客观性相对更好。

1.5　结论

通过比较分析不同来源西北太平洋热带气旋生成数的年际、年代际变化和周期变化特征，对三个中心（CMA、JTWC 和 JMA）台风资料的频次差异进行了较详细的比较。

（1）不同资料中心的热带气旋（TC）、台风（TS 强度及以上的 TC）生成数的气候值存在一定的差异，热带气旋生成数的差异较为明显，台风生成数的差异相对要小，CMA 资料中热带气旋、台风生成数相对偏多。

（2）CMA 与 JTWC 间热带气旋生成数年际变化差异显著且难以忽略，其差异主要来自 TD 生成数的明显不同；三个中心关于台风生成数的一致性比较好，年际变化的差异小，其中 JMA 台风资料与另外两个单位资料间的一致性更好。

（3）CMA 与 JTWC 西北太平洋热带气旋生成数的周期变化间无明显差异，而年代际变化上有明显差异，主要表现为 20 世纪 90 年代的反相位。

（4）西北太平洋台风生成数资料可能在 20 世纪 60 年代后期前后存在一定的非均一性，20 世纪 60 年代后期之后的台风生成数客观性相对更好。

参考文献

[1] YU H, KWON H J. Effect of TC trough interaction on the intensity change of two typhoons[J]. Weather Forecasting, 2005, 20:2199−2211.

[2] 余晖，胡春梅，蒋乐贻 . 热带气旋强度资料的差异分析 [J]. 气象学报，2006, 64(3):357−363.

[3] 黄嘉佑，李庆祥 . 一种诊断序列非均一性的新方法 [J]. 高原气象，2007, 26(1):62−66.

[4] 刘小宁 . 我国 40 年年平均风速的均一性检验 [J]. 应用气象学报 , 2000, 11(1):27−34.

[5] 杨桂山 , 施雅风 . 西北太平洋热带气旋频数的变化及与海表温度的相关研究 [J]. 地理学报 , 1999, 54(1):22−29.

[6] 田荣湘 . 全球变暖对西北太平洋热带气旋的影响 [J]. 浙江大学学报 , 2003, 30(4):466−470.

[7] 田荣湘 . 南半球变暖对西北太平洋热带气旋的影响 [J]. 自然灾害学报 , 2005, 14(4):25−29.

[8] 储惠芸 , 王元 , 伍荣生 . 上层热力异常对西北太平洋热带气旋气候特征的影响 [J]. 南京大学学报 , 2007, 43(5):582−589.

[9] 陈光华 , 黄荣辉 . 西北太平洋暖池热状态对热带气旋活动的影响 [J]. 热带气象学报 , 2006, 22(6):527−532.

[10] 吴迪生 , 白毅平 , 第红梅 , 等 . 赤道西太平洋暖池次表层水温变化对热带气旋的影响 [J]. 热带气象学报 , 2003, 19(3):254−260.

[11] 李春晖 , 刘春霞 , 程正泉 . 近 50 年南海热带气旋时空分布特征及其海洋影响因子 [J]. 热带气象学报 , 2007, 23(4):341−347.

[12] 马丽萍 , 陈联寿 , 徐德祥 . 全球热带气旋活动与全球气候变化相关特征 [J]. 热带气象学报 , 2006, 22(2):147−154.

[13] 张艳霞 , 钱永甫 , 王谦谦 . 西北太平洋热带气旋的年际和年代际变化及其与南亚高压的关系 [J]. 应用气象学报 , 2004, 15(1):74−81.

[14] MATSUURA T, YUMOTO M, IIZUKA S. A mechanism of interdecadal variability of tropical cyclone activity over the Western North Pacific[J]. Climate Dynamics, 2003, 21:105−117.

[15] 魏凤英 . 现在气候统计与预测技术 [M]. 北京：气象出版社 , 1990:20−113.

第 2 章　南海和西北太平洋台风活动气候变化特征

2.1　引言

南海和西北太平洋是热带气旋活动最活跃的区域，该区域的热带气旋每年给我国带来非常巨大的经济损失，并且严重威胁沿海地区人民的生命安全[1]。有关台风的研究，无论怎样深入和全面都不为过。多年来，国内外气象学者有关热带气旋结构、强度、路径、天气、灾害的研究众多，成果丰富[2−6]，关于热带气旋气候特征的分析研究工作也是不断更新，不更扩展。陈敏等[7]对 1949—1996 年近 50 年西北太平洋热带气旋的气候特征进行了统计分析，给出了热带气旋发生频数的年际变化、季节分布、强度分布和路径类型。李春晖等[8]对 1949—1999 年南海生成和经过的热带气旋位置点频数的时空分布特征进行了统计分析。吴迪生[9]从年际和月际变化角度对 1949—2001 年南海热带气旋进行了统计分析。王东生和屈雅[1]利用 1949—2005 年的资料对西北太平洋和南海的热带气旋气候特征进行了更新分析,重点分析了热带气旋暴雨在我国的分布特征。热带气旋活动除了结构、强度、路径、位置和频次外，还有持续时间和破坏力等。Bell 等[10]提出 6 小时持续最大风速平方为飓风的潜在破坏力（Hurricane Destruction Potential，HDP），而整个热带气旋生命史中风暴等级以上时段累积潜在破坏力为该飓风的累积热带气旋能量（Accumulated Cyclone Energy，ACE），而某季节洋盆所有飓风的 ACE 又可以累加，反映该季节的累积热带气旋能量。相对而言，ACE 当前受到的关注度较少[11]，但由于它可以综合反映台风的频次、持续时间和强度，将越来越多地被运用到热带气旋活动的分析和预测之中[11-14]。

南海和西北太平洋是热带太平洋西部相连的对流活跃区，但它们热带气旋活动的变化特征并非一致。李雪等[15]比较了两个区域热带气旋生成频数的年际变化和季节变化，结果发现两海域热带气旋生成频数在年际变化上相对独立，在季节变化上存在明显差异。郝赛和毛江玉[16]进一步分析指出两个海域热带气旋生成位置、生成频数、强度和持续时间的季节变化差异与季风、垂直切变和ENSO有关。本章的目的在于引用热带气旋破坏力的概念，运用更新的1949—2014年热带气旋资料，基于被热带气旋所影响的格点视角分析南海和西北太平洋的热带气旋破坏力及破坏时间的气候特征及变化。

2.2 资料和方法

本文使用的热带气旋资料来自中国气象局上海台风研究所整理的最优路径数据集（1949—2014年）。本文中的南海区域研究范围为（SCS，0°—30°N，105°—120°E），西北太平洋区域研究范围为（WNP，0°—30°N，120°—180°E）。根据南海气象灾害防御的需要，又把南海区域分为4个部分：南部区域（SSCS，0°—13°N，105°—120°E），中部区域（CSCS，13°—17°N，105°—120°E），海南岛近海（HNIL，17°—21°N，108°—112°E），北部区域（NSCS，17°—30°N，105°—120°E）。

由于社会的发展、生产作业装备的进步，热带风暴以下的热带气旋所带来的灾害对海上作业和运输的影响相对较小；另外，热带低压频次在不同热带气旋资料集中有较大差异[17]。基于上述考虑，本文仅对南海和西北太平洋热带风暴以上等级的热带气旋活动时间及其破坏力进行分析，分别称之为台风破坏时间（Typhoon Destruction Time，TYDT）和台风破坏潜力（Typhoon Destruction Potential，TYDP）。各格点上台风所破坏时间（即TYDT）和所具有的潜在破坏力（即 TYDP）为本文分析对象，单位分别为 h(TYDT) 和 $6 \times 10^3 m^2/s$(TYDP)。

本文所用的方法有基本气候状态统计量的统计，气候变化的线性倾向估计与显著性检验，以及提取周期的小波分析等常用统计诊断方法[18]。

2.3　结果分析

2.3.1　气候特征

2.3.1.1　空间分布

图 2-1 所示的是南海和西北太平洋 TYDP 和 TYDT 在不同年代的气候值分布。由图 2-1 可见，TYDP 和 TYDT 的高值区均分布在 110°—140°E，12°—22°N 范围内。对 TYDP 来说，高值区主要分布在菲律宾以东、135°E 以西的海域，呈两个中心。比较不同年代的气候值可见，靠近菲律宾的高值中心呈减弱状态，而离菲律宾较远的高值中心则呈加强状态。此外，在海南岛东部海域有弱的高值中心，随着年代的推延变得越发不明显。由图 2-1 中还可见，随着时代的变迁，TYDP 的活动范围（大于 0.5）略有收缩。综合高值区和活动区范围的收缩可见，南海和西北太平洋 TYDP 呈减弱状态。对 TYDT 进行分析可见，海南岛东部海域的高值区强度和菲律宾以东高值区的强度相当，南海的高值区同样呈减弱状态。与 TYDP 的分布类似，菲律宾以东的高值区仍呈两个中心，近菲律宾的高值中心呈减弱状态，另一个高值中心则呈加强状态。以上分析表明，TYDP 和 TYDT 的高值区均分布在 110°—140°E，12°—22°N 范围内，TYDP 和 TYDT 分布随时代变迁而变化的特点指示台风的破坏潜力呈东撤趋势，无论中国（海南和华南沿海）还是菲律宾，台风的破坏力及破坏时间均呈减弱（少）状态。

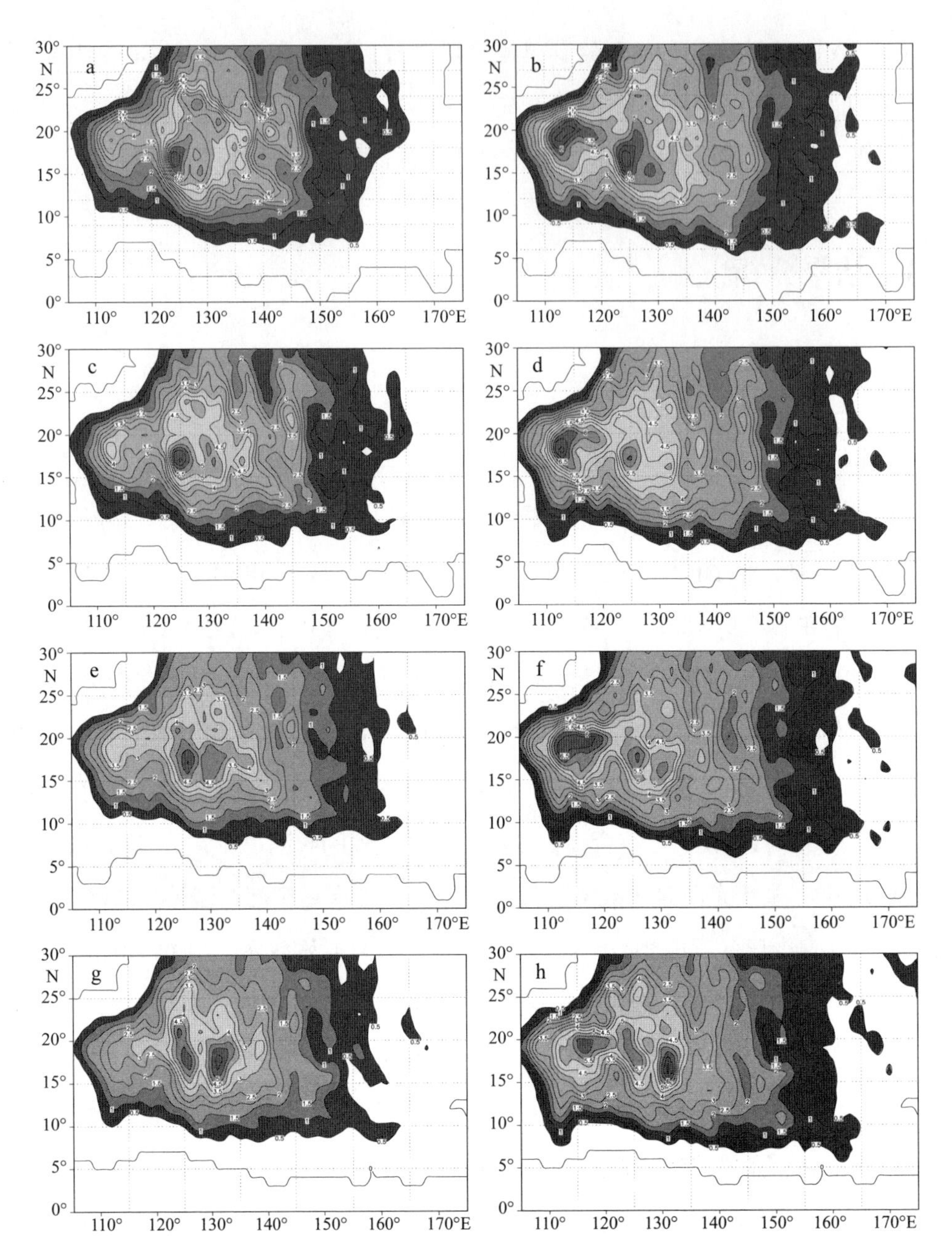

图2-1　南海和西北太平洋TYDP（a、c、e、g）和TYDT（b、d、f、h）年均值分布

（a、b:1951—1980年平均；c、d:1961—1990年平均；e、f:1971—2000年平均；g、h:1981—2010年平均）

图 2-2 所示的是南海和西北太平洋常年四个季度的 TYDP 和 TYDT 分布。由图 2-2 可见，TYDP 和 TYDT 下半年的值明显高于上半年，上半年之和低于第四季度，而第四季度又明显低于第三季度。但是，就对我国沿海地区的影响而言，TYDP 或 TYDT 的主要影响出现在第二季度和第三季度。逐季来看，第一季度（1—3 月），TYDP 和 TYDT 的值均很小，二者高值中心值略高于 0.3，中心位于菲律宾以东（12°N，133°E）附近。可见，第一季度的台风活动强度弱、纬度低、远离陆地，对陆地基本无影响，可称为台风破坏的休眠期。第二季度（4—6 月），TYDP 和 TYDT 快速加强（长），高值区中心值增大到 1.3 以上，重心（强度中心）向西北移至（18°N，125°E）附近，影响区开始覆盖我国东南沿海地区，我国东沙群岛附近为一个弱的 TYDP 中心和强的 TYDT 中心。对陆地而言，第二季度台风破坏力开始显现，但强度较弱，时间较短，这段时期可称为台风破坏的开始期。第三季度（7—9 月），TYDP 和 TYDT 出现“突变式”增强（长），高值区中心值快速增大到 3 ~ 3.5，重心进一步北移到（21°N，122°E）附近，中心靠近陆地，主中心位于台湾东部海面，副中心位于海南岛东侧至中沙群岛附近的海面，高影响区开始覆盖我国东南沿海地区。简言之，第三季度台风活动强度强、纬度高、靠近陆地，对陆地威胁大，是台风破坏的活跃期。第四季度（10—12 月），TYDP 和 TYDT 减弱（短），高值区中心值在 3 以下，重心东南移至（15°N，130°E）。尽管破坏力仍然很强，破坏时间也长，但其影响范围基本已退出我国东南沿海，仅海南岛部分地区和台湾岛部分地区受到影响。值得注意的是，此时菲律宾深受台风破坏威胁。另外，我国南海的中沙、南沙群岛受台风破坏威胁。以上分析表明，台风破坏力和破坏时间主要集中在下半年，但对我国的影响在第二季度开始显现，第三季度威胁最严重，第四季度消退。

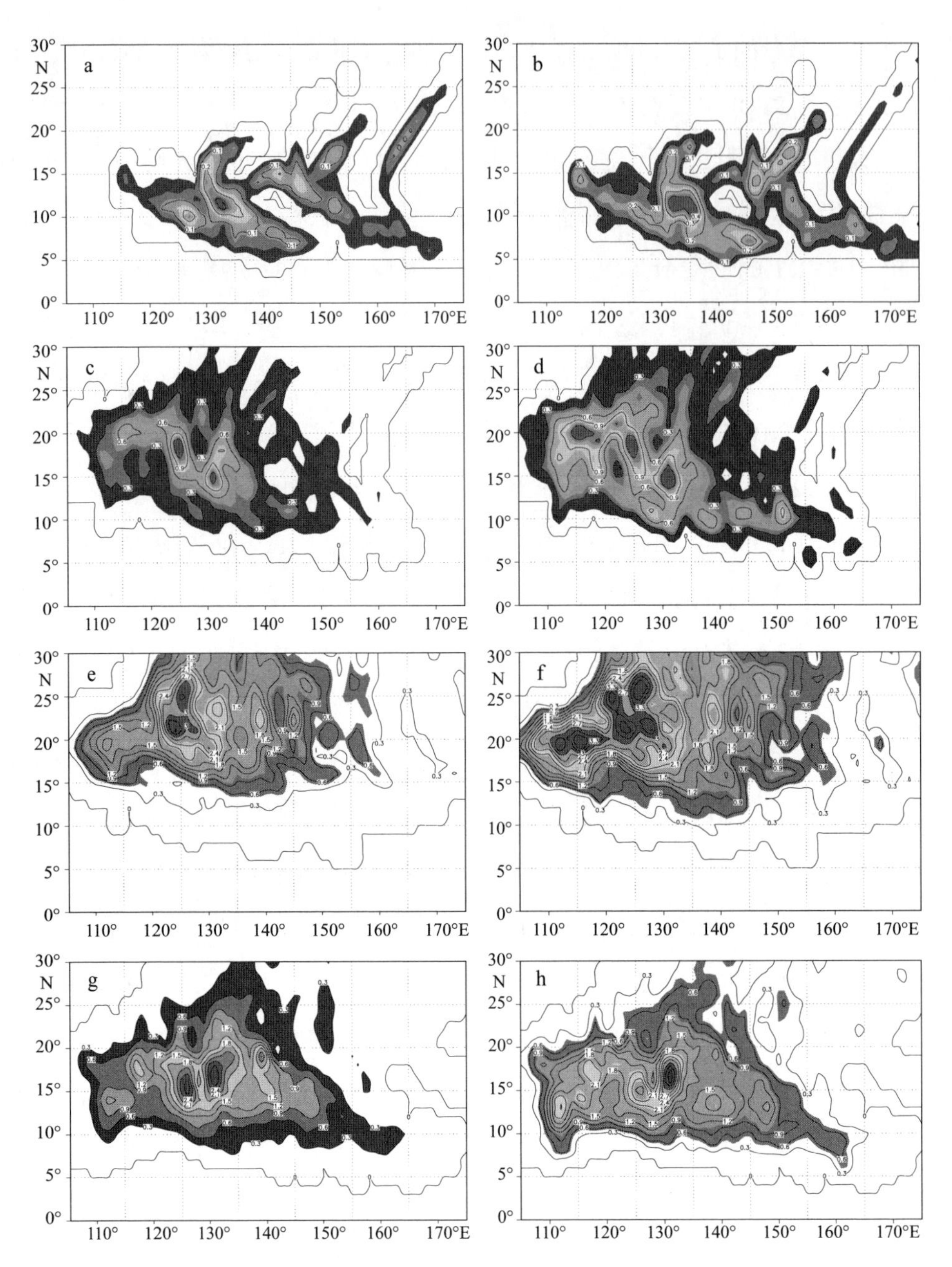

图2-2　南海和西北太平洋常年（1981—2010年平均）四季TYDP（a、c、e、g）和TYDT（b、d、f、h）分布

（a、b:1—3月；c、d:4—6月；e、f:7—9月；g、h:10—12月）

2.3.1.2　月际分布

前面季节分布图中显示 TYDP 和 TYDT 在不同季节有明显差异，下面更详细地分析南海和西北太平洋台风破坏力和破坏时间常年（1981—2010 年平均）的逐月变化，分析对象为南海和西北太平洋常年各月各格点值的总和，其逐月变化见图 2-3。由图 2-3 可见，在西北太平洋，TYDP 和 TYDT 主要集中在下半年，下半年最弱的 12 月也要略高于上半年最高的 6 月，这与前述分析一致。最高值出现在 9 月，其后依次是 8 月、10 月、7 月和 11 月，可见西北太平洋台风的活跃期是 7—11 月。在南海，TYDP 和 TYDT 月际分布与西北太平洋有所不同，TYDP 的高峰月出现在 8 月，TYDT 的高峰月出现在 10 月，次高是 9 月，然后依次是 7 月、11 月、6 月和 12 月，台风破坏的活跃期同样是 7—11 月。上述分析中台风破坏活跃期为 7—11 月，与通常认为的台风活跃期 6—10 月有所差别。但分析 6 月和 11 月 TYDP、TYDT 的分布可知（图略），尽管 6 月台风破坏力的强度和时间长度不如 11 月，但它们更靠近我国沿海，这与前述四季变化的分析一致。因此，6—10 月是台风在我国破坏的活跃期，这与我们通常的理解一致。

分别对南海四个区的 TYDP 和 TYDT 的月际分布进行分析，结果如图 2-4 所示。由图 2-4 可见，南海北部区域和海南岛及其近海台风破坏活跃期为 6—10 月，这与上述分析一致。海南岛及其近海台风破坏高峰期为 9 月，其后依次为 8 月、7 月、10 月和 6 月。南海北部台风破坏力对我国东沙群岛和东南、华南沿海构成威胁，最高峰在 9 月，其后依次是 8 月、7 月、10 月和 6 月；破坏时间的最高峰出现在 8 月，其后依次是 9 月、7 月、10 月和 6 月。南海中部海区台风破坏力威胁的是西沙群岛，9—11 月最为活跃，破坏力大小顺序依次是 10 月、11 月、9 月。另外，图 2-4 中还可见，南海中部台风的活跃期较长，从 5 月至 12 月，长达 8 个月。南海南部台风破坏力威胁的是南沙群岛，相对而言该区台风破坏力较弱，活跃期短，仅为 3 个月，TYDP 和 TYDT 的高峰月均在 11 月，其次是 12 月和 10 月，1 月至 9 月两者值接近或等于 0，即基本没有台风破坏力的威胁。

以上分析显示，南海和西北太平洋台风破坏潜力和破坏时间的高峰期在 7—11 月，高峰月主要在 9 月、8 月（南海台风破坏时间）或 10 月（南海台风破坏潜力）。南海各区台风活动期时长和高峰月有明显差异。

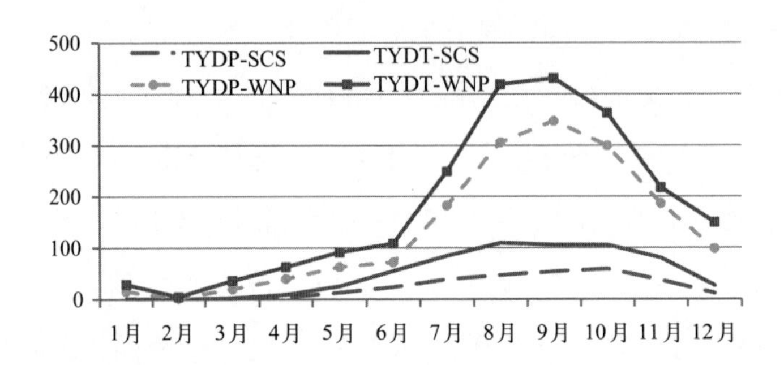

图2-3　南海（SCS）和西北太平洋（WNP）常年（1981—2010年平均）各月的TYDP和TYDT分布

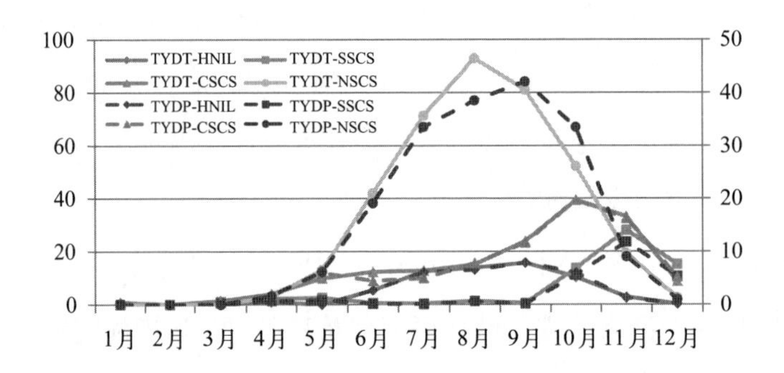

图2-4　南海各区常年（1981—2010年平均）各月的TYDP和TYDT分布

2.3.2　时间变化

2.3.2.1　年际、年代际变化

为了解南海和西北太平洋 TYDP 和 TYDT 的年际变化，我们首先对二者年际变化曲线的基本气候状态进行了统计（表 2-1）。表中可见，在以上两片海域，台风破坏力的年际变化率比破坏时间要大。前者最大值与最小值的差超过均值的 2 倍，标准差超过均值的 40%；后者最大值与最小值的差不超过均值的 1.4 倍，标准差接

近均值的 30%。此外，南海的 TYDP 或 TYDT 小于西北太平洋，即南海区域的台风破坏力或破坏时间的年际变化相对西北太平洋要平缓。表中的偏度和峰度值表明，南海和西北太平洋 TYDP 分布图形顶峰向左偏，坡度稍陡；南海 TYDT 分布图形顶峰也向左偏，但坡度稍平，而西北太平洋 TYDT 分布图形则顶峰向右偏，坡度稍陡。尽管如此，南海和西北太平洋 TYDP 或 TYDT 的偏度和峰度均可通过显著水平 0.05 的正态分布显著性检验，也就是说，南海和西北太平洋 TYDP 或 TYDT 的年际变化均满足正态分布。

表 2-1 南海和西北太平洋台风破坏潜力（TYDP）和破坏时间（TYDT）的气候状态统计量

单位：h

类别	最大值	最小值	平均值 E	标准差 s	s/E（%）	偏度	峰度
TYDP-SCS	69.19125	5.65275	27.18865	12.12626	44.6	0.965452*	1.410952*
TYDP-WNP	369.6075	29.2518	165.9264	69.94313	42.5	0.579362*	0.500199*
TYDT-SCS	88	19.75	50.10478	17.43378	34.8	0.283596*	−0.52493*
TYDT-WNP	303.25	54.25	184.7243	54.45373	29.4	−0.27927*	0.378575*

* 表示可通过显著水平 0.05 的显著性检验。

为进一步了解南海和西北太平洋 TYDP 和 TYDT 的年代际变化的规律，对其进行九点平滑和小波分析（图 2-5、2-6）。图 2-5 所示的是南海和西北太平洋 TYDP 历年变化九点平滑及小波分析结果。由图 2-5 可见，在南海，TYDP 的年代际变化很明显，1970 年、1990 年和 2010 年前后是 TYDP 活动高峰期，而 1960 年、1980 年和 2000 年前后则为低谷期，总体表现出准 20 年的周期振荡。与南海 TYDP 明显的周期振荡相比，西北太平洋 TYDP 年代际变化的周期并不明显，主要振荡特征是：20 世纪 70 年代以前，西北太平洋 TYDP 值多在均值以上振荡，而 20 世纪 90 年代后期之后，则主要在均值线以下振荡，表现出一种明显的减少趋势。小波分析结果也显示西北太平洋 TYDP 的年代际变化周期不明显。

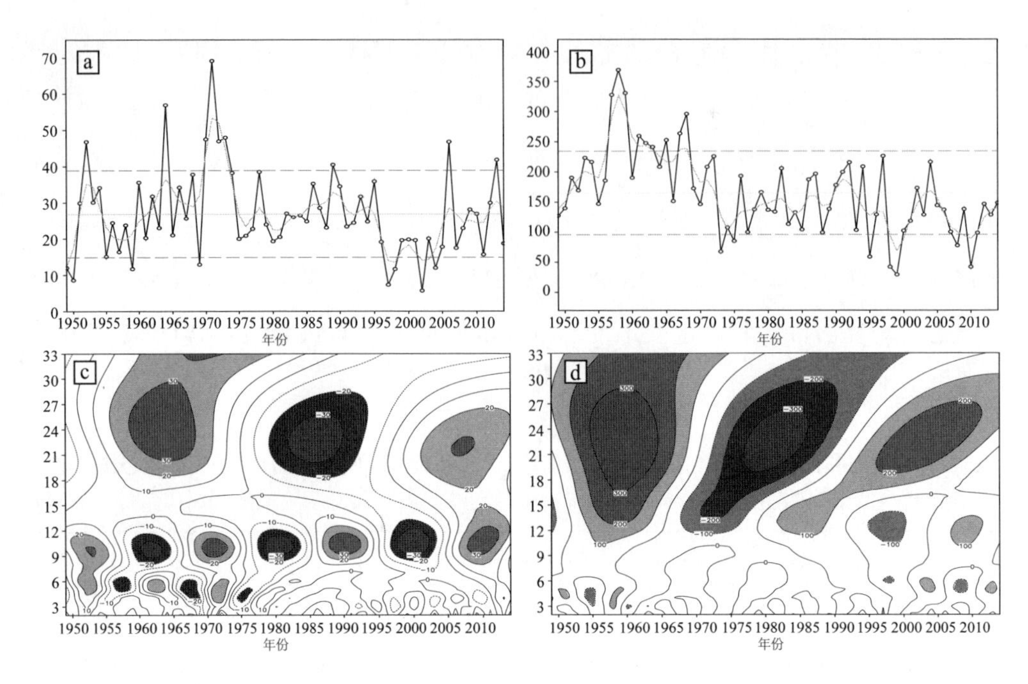

图2-5　南海（a、c）和西北太平洋（b、d）TYDP历年变化（a、b）及小波分析结果（c、d）

图 2-6 所示的是南海和西北太平洋 TYDT 历年变化九点平滑及小波分析结果。图中可见，南海 TYDT 显示出与 TYDP 同样的年代际变化，1970 年、1990 年和 2010 年前后是 TYDP 活动高峰期，而 1960 年、1980 年和 2000 年前后则为低谷期，小波分析显示出同样的结果。在西北太平洋，TYDT 的年代际变化信号相对南海要弱，但相对西北太平洋的 TYDP 而言又要明显很多。从小波分析图中可见，西北太平洋 TYDT 的年代际变化有 10 ~ 15 年的周期，周期由长变短，20 世纪 80 年代后期以前以 15 年准周期为主，之后则以 10 年准周期为主。从平滑曲线也可看出，最近 30 多年间，1985 年、1995 年、2005 年前后为波峰，1990 年、2000 年、2010 年前后为波谷，显示出准 10 年的周期性振荡。另一方面，它的减弱趋势并不明显。

以上分析表明，TYDT 的年际变率明显大于 TYDP，南海 TYDP 和 TYDT 表现出明显的 20 年准周期性振荡；西北太平洋 TYDP 的周期性不明显，TYDT 则表现出 15 ~ 10 年的准周期性振荡。

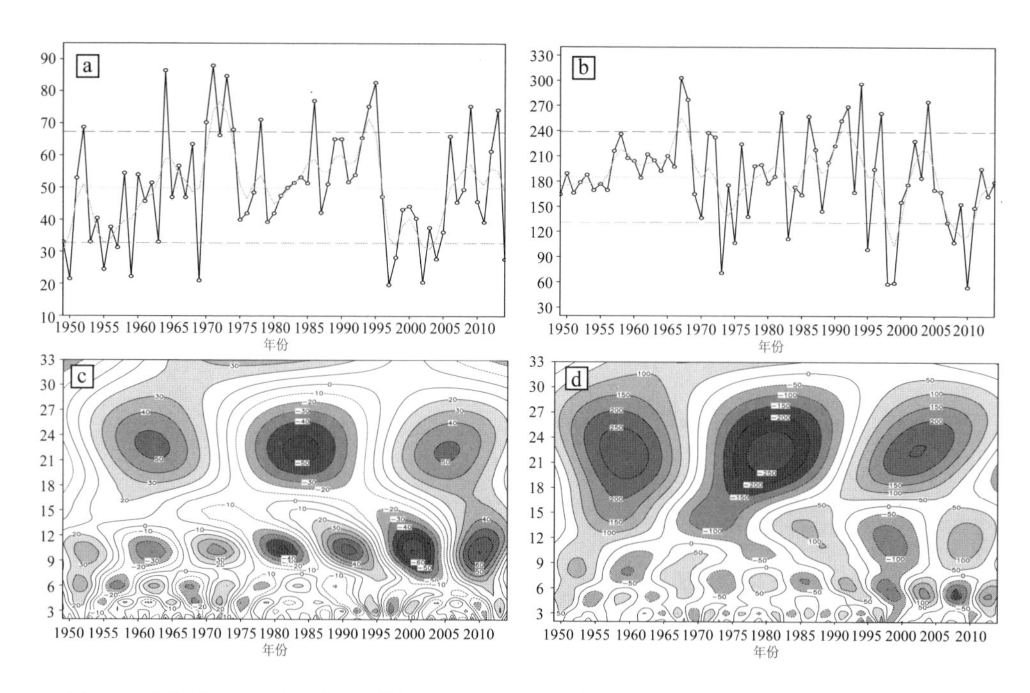

图2-6　南海（a、c）和西北太平洋（b、d）TYDT历年变化（a、b）及小波分析结果（c、d）

2.3.2.2　趋势分析

为了更好地认识南海和西北太平洋 TYDP 和 TYDT 的变化规律，我们对其变化趋势进行详细的分析，表 2–2 给出了西北太平洋、南海及南海不同区域的 TYDP 和 TYDT 线性变化的倾向百分率和趋势系数。表中可以看出，各区的台风破坏力均呈现出一定的减弱趋势，但变化最快且减弱趋势显著的海域是西北太平洋。西北太平洋的 TYDP 以每 10 年 11.3% 的速率变弱，而线性趋势系数达 −0.511，可通过显著水平 0.001 的显著性检验，即这种线性减弱趋势是稳定的。相对而言，南海及南海各海区 TYDP 减弱速率要小得多，以每 10 年 2.82% ~ 5.99% 的速率减小，呈均不能通过显著水平 0.1 的显著性检验，即线性减弱趋势是不稳定的。比较南海各区域 TYDP 的变化趋势可见，南海南部区域的减弱速率最快，而中部区域减弱的速率最慢。表中还可见，TYDT 的变化趋势与 TYDP 并不一致。西北太平洋仍然呈减少趋势，倾向率以每 10 年约 3% 的速率减少，但趋势系数显示其线性减少趋势并不显著，不能通过显著水平 0.1 的显著性检验。南海的 TYDT 则呈现与 TYDP 反向的趋势，倾向百分率为每 10 年增长 1.24%，但同样不能通过显著性检验。南海各区域 TYDT 的变化趋势不同，海南岛及其近海为减短趋势，而其他海域为增长趋势，北部区域增长速率最快，而中部海域增长速率最慢。在第 2 节的区域划分中可知，HNIL 是包含在 NSCS 之中的，它们的非同步变化说明我国东南近海区域的台风破坏时间有更快的增长趋势。以上分析表明，西北太平洋 TYDP 和 TYDT 均呈减弱（少）趋势，TYDP 减弱趋势显著；南海 TYDP 呈减弱趋势，TYDT 呈增长趋势，但线性趋势不显著。南海各区域 TYDP 呈减弱趋势，TYDT 呈增加趋势（海南岛近海为弱的减少趋势），线性趋势均不显著。

表 2-2　南海及南海各区、西北太平洋 TYDP 和 TYDT 变化趋势的线性倾向估计

区域	台风破坏力（TYDP）		台风破坏时间（TYDT）	
	倾向百分率（%）	趋势系数	倾向百分率（%）	趋势系数
WNP	−11.3	−0.511*	−2.94	−0.192
SCS	−3.57	−0.151	1.24	0.068
HNIL	−3.45	−0.1	−1.69	−0.056
NSCS	−3.47	−0.152	1.53	0.08
CSCS	−2.82	−0.062	0.537	0.17
SSCS	−5.99	−0.109	1.07	0.025

* 表示可通过显著水平 0.001 的显著性检验。

2.4　结论

本章借用飓风破坏潜力概念，引申出台风破坏潜力和台风破坏时间的概念，较详细地分析了南海和西北太平洋台风破坏潜力和台风破坏时间的气候特征及其变化特征，主要结论有：

（1）TYDP 和 TYDT 的高值区均分布在 110°—140°E，12°—22°N 范围内，TYDP 和 TYDT 分布随时代变迁而变化的特点指示台风的破坏潜力呈东撤趋势，无论中国（海南和华南沿海）还是菲律宾，台风的破坏力及破坏时间均呈减弱（少）状态。

（2）台风破坏力和破坏时间主要集中在下半年，但对我国的影响在第二季度开始显现，第三季度威胁最严重，第四季度消退。

（3）南海和西北太平洋台风破坏潜力和破坏时间的高峰期在 7—11 月，高峰月主要在 9 月、8 月（南海台风破坏时间）或 10 月（南海台风破坏潜力）。南海各区台风活动期长度和高峰月有明显差异。

（4）TYDP 的年际变化率明显大于 TYDT，南海 TYDP 和 TYDT 表现出明显的 20 年准周期性振荡；西北太平洋 TYDP 的周期性不明显，TYDT 则表现出 15 ~ 10 年的准周期性振荡。

（5）西北太平洋 TYDP 和 TYDT 均呈减弱（少）趋势，TYDP 减弱趋势显著；南海 TYDP 呈减弱趋势，TYDT 呈增长趋势，但线性趋势不显著。南海各区域 TYDP 呈减弱趋势，TYDT 呈增加趋势（海南岛近海为弱的减少趋势），线性趋势均不显著。

参考文献

[1] 王东生，屈雅．西北太平洋和南海热带气旋的气候特征分析 [J]. 气象，2007, 7:67−74.

[2] 梁建茵，陈子通，万齐林，等．热带气旋“黄蜂”登陆过程诊断分析 [J]. 热带气象学报，2003, 19(增刊):45−55.

[3] 钱燕珍，张寒．TC“森拉克”路径与预报难点分析 [J]. 气象，2004, 30(9):19−23.

[4] 陈联寿，孟智勇．我国热带气旋研究十年进展 [J]. 大气科学，2001, 25(3):420−432.

[5] 陈联寿，徐祥德，罗哲贤，等．热带气旋动力学引论 [M]. 北京：气象出版社，2002:25−26.

[6] 李英，陈联寿．登陆热带气旋长久维持与迅速消亡的大尺度对流特征 [J]. 气象学报，2004,

62(2):167−179.

[7] 陈敏，郑永光，陶祖钰．近 50 年（1949—1996）西北太平洋热带气旋气候特征的再分析 [J]. 热带气象学报，1999, 15(1):10−16.

[8] 李春晖，刘春霞，程正泉．近 50 年南海热带气旋时空分布特征及其海洋影响因子 [J]. 热带气象学报，2007, 4:341−347.

[9] 吴迪生，赵雪，冯伟忠，等．南海灾害性土台风统计分析 [J]. 热带气象学报，2005, 3:309−314.

[10] BELL G D, HALPERT M S, SCHNELL R, et al. Climate assessment for 1999[J]. Bulletin of the American Meteorological Society, 2000, 81, S1–S50.

[11] GABRIELE V, GABRIEL A V. Multi-season lead forecast of the north Atlantic Power Dissipation Index(PDI) and Accumulated Cyclone energy(ACE)[J]. Journal of Climate, 2013, 26:3631−3643.

[12] GABRIELE V, GABRIEL A V. North Atlantic power dissipation index(PDI) and accumulated cyclone energy(ACE): statistical modeling and sensitivity to sea surface temperature changes[J]. Journal of Climate, 2013, 25:625−637.

[13] HIROYUKI M, TIM LI, PANG C. Contributing factors to the recent high level of accumulated cyclone energy(ACE) and power dissipation index(PDI) in the North Atlantic[J]. Journal of Climate, 2014, 27:3023−3034.

[14] RICHARD C, LI Y, WEN Z. Modulation of Western North Pacific tropical cyclone activity by the ISO. Part I: genesis and intensity[J]. Journal of Climate, 2013, 26:2904−2918.

[15] 李雪，任福民，杨修群，等．南海和西北太平洋热带气旋活动的区域性差异分析 [J]. 气候与环境研究，2010, 15(4):504–510.

[16] 郝赛，毛江玉．西北太平洋与南海热带气旋活动季节变化的差异及可能原因 [J]. 气候与环境研究，2015, 20(4):380−392.

[17] WU S A, KONG H J, WU H. Differences among Different Databases in the Number of Tropical Cyclones forming over the Western North Pacific[J]. Journal of Tropical Meteorology, 2010 (4):341−347.

[18] 魏凤英．现代气候统计诊断与预测技术 [M]. 北京：气象出版社，2013.

第 3 章　南海的热带气旋活动变化特征

3.1　引言

国民经济和社会发展“十二五”规划纲要首次将“推进海洋经济发展”作为规划的单独章节，使得海洋气象防灾减灾的工作意义尤显重大。目前，随着南海海洋经济的迅速发展，对海洋气象服务能力的研究和建设规划提出更高的要求。

南海地区是热带气旋活动最频繁的海区之一，它不仅受西北太平洋移入的热带气旋影响，其本身也是热带气旋生成的重要源地。了解南海热带气旋活动的气候特征及其变化特征，有利于在南海开展经济和社会活动中趋利避害，减少灾害损失和保护人民的生命财产安全。

本章在简述南海气象环境概况的基础上，较细致地分析了南海热带气旋频数的时间分布、年及各季度频数的年际、年代际变化与趋势、台风破坏潜力和潜在时间的时空分布与变化特征。使我们对南海热带气旋活动及其变化有一个较全面的了解，为相关防灾减灾决策提供参考。

3.2　南海气象环境概况

3.2.1　海表温度

图 3-1a 所示的是南海区域多年平均（1981—2010 年，下同）海表温度（SST）的年均值分布，可见南海区域年均 SST 为 26.0 ~ 29.0℃，东南（靠近西太平洋暖池）高，西北（靠近大陆）低。图 3-1b 所示的是南海区域（0°—21°N，105°—120°E，

下同）多年平均SST的逐月分布。由图3-1b可见，1月和2月最低，平均SST不到26.5℃；6月最高，平均SST超过29.5℃。图中还可见，SST从2月到5月快速增温过程，而从6月到10月是缓慢降低过程，10月至次年1月是快速降温过程。

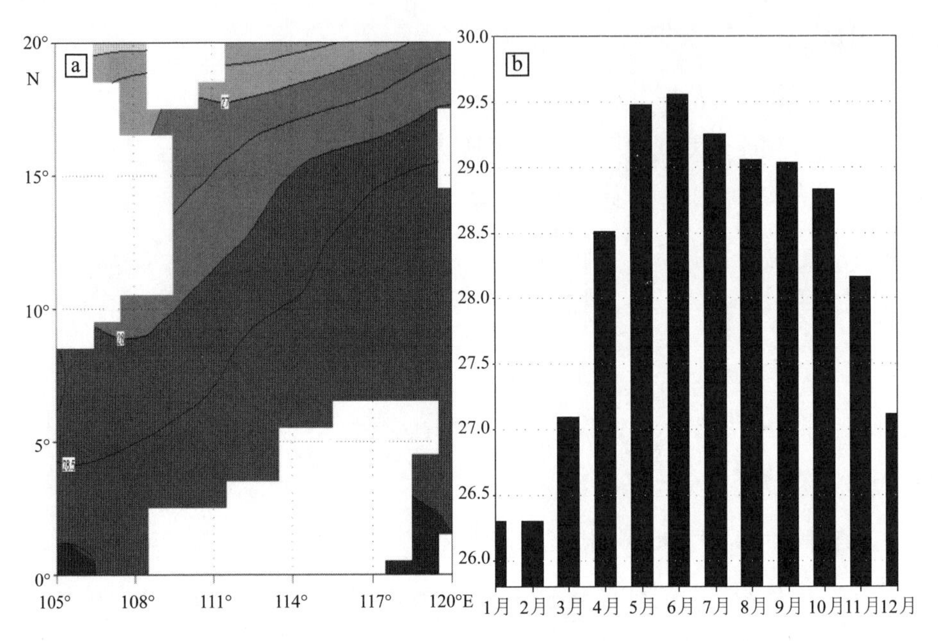

图3-1　1981—2010年平均南海区域的海表温度分布（a）及其区域平均的逐月变化（b）（单位：℃）

3.2.2　近表层气温

图3-2a所示的是南海区域多年平均近表层气温（SAT）的年均值分布，可见南海区域年均SAT为23.0～28.0℃，深海区气温高，近陆地或海洋性大陆上空气温低。图3-2b所示的是南海区域多年平均SAT的逐月分布。由图3-2a可见，1月最低，平均SAT不到24.5℃；6月最高，平均SAT超过27.5℃。图中还可见，

与 SST 相似，SAT 从 2 月到 5 月是快速增温过程，10 月至 12 月是快速降温过程，而从 6 月到 9 月则是缓慢降温过程。

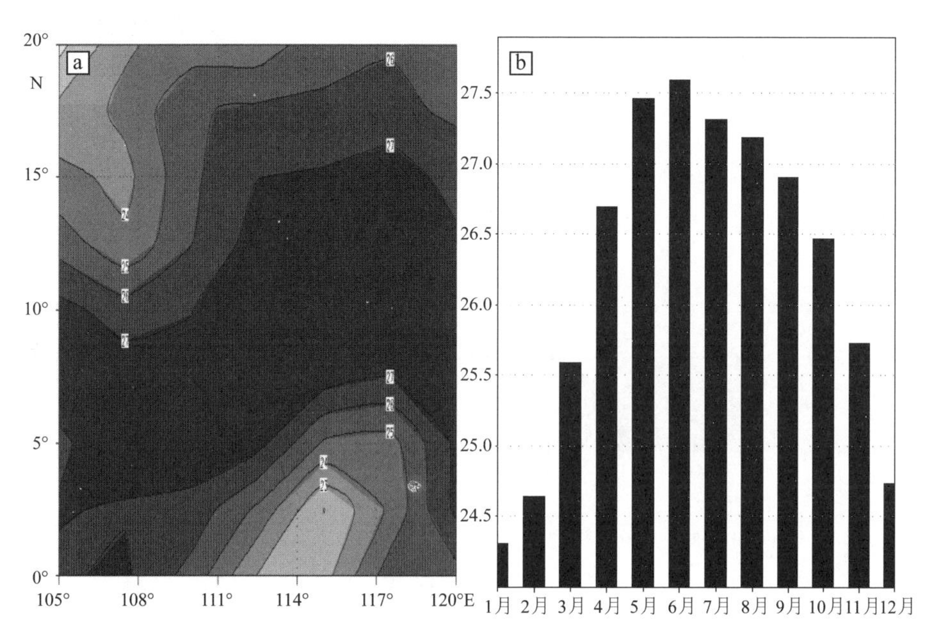

图3-2　1981—2010年平均南海区域的近表层气温分布（a）及其区域平均的逐月变化（b）（单位：℃）

3.2.3　降水率

图 3-3a 所示的是南海区域多年平均降水率的年均值分布，可见南海区域降水率为 4.5 ~ 9.5 mm/d，北少南多。图 3-3b 所示的是南海区域多年平均降水率的逐月分布，由图可见，3 月最少，平均降水率 3.3 mm/d；10 月最多，可达 9.5 mm/d。8 月、9 月和 10 月为降水的高峰月，降水率均超过 9 mm/d。从 4 月至 5 月和从 5 月到 6 月降水率表现为突变式增多。

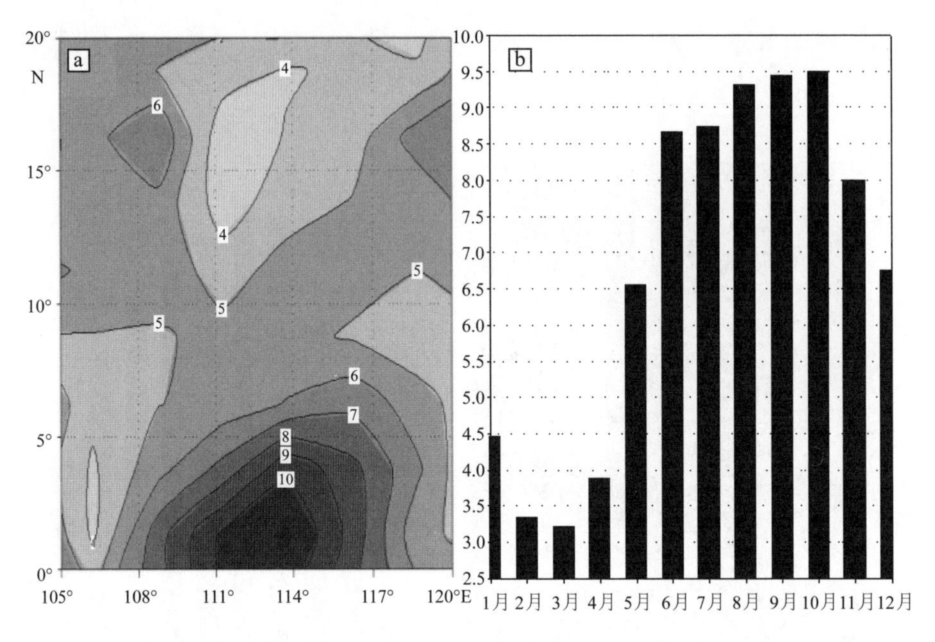

图3-3　1981—2010年平均南海区域的降水率分布（a）及其区域平均的逐月变化（b）（单位：mm/d）

3.3　南海热带气旋频次变化特征

3.3.1　南海热带气旋频次时间分布

图 3-4 所示的是 1981—2010 年各月不同强度热带气旋（TC）和总 TC 累计频数分布，由图可见，南海 TC 活动的高峰月是 7—11 月，30 年内累计频数各月均超过 40 个（年均 1.3 ~ 1.7 个，其中又以 9 月和 10 月最为活跃，年均 1.6 和 1.7 个）。其次是 6 月 29 个（年均 1 个），12 月 19 个（年均 0.63 个），5 月 17 个（年均 0.57 个），1—4 月月均不到 4 个，其中 2 月无 TC 活动。最为常见的 TC 强度等级为强风暴（10 ~ 11 级），累积频次在高峰月的 7 月和 8 月分别为 15 次和 16 次。活跃程度列第二的是台风强度 TC，累积频次在高峰月的 7 月和 9 月分别为 11 次和 13 次。强台风在 9 月最为活跃，而超强台风在 10 月最为活跃。热带低压和风暴强度 TC

从 5 月至 11 月的活跃度变化不大，10 月是二者的相对活跃高峰。

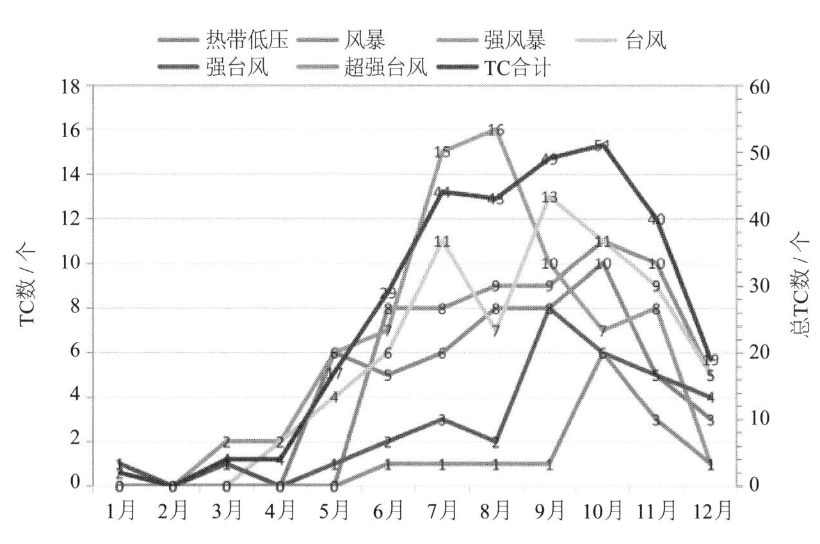

图3-4　1981—2010年影响海南省各月不同强度热带气旋（左坐标轴）和总TC累计频数（右坐标轴）分布

3.3.2　南海热带气旋年频次年际、年代际变化与趋势

图 3-5 所示的是影响南海热带气旋频数变化曲线。由图可见，影响南海的 TC 频数最多年可达 20 个（1970 年、1971 年），最少仅 4 个（2004 年）。图 3-5 中还可见，从 1949 年至 2014 年，影响南海的 TC 频数有减少趋势，倾向率为每 10 年

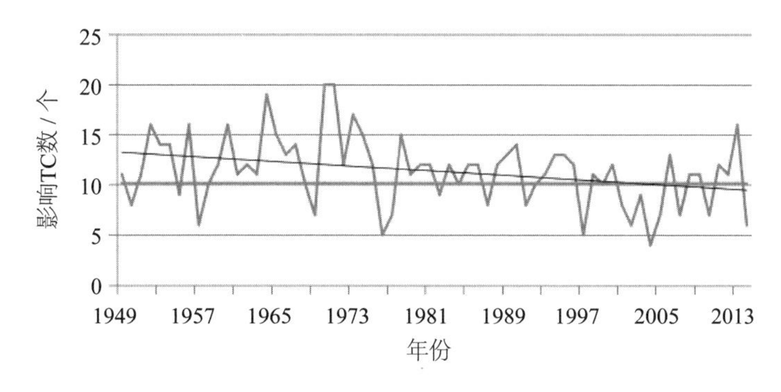

图3-5　影响南海热带气旋频数变化曲线（粗直线为多年平均，斜细线为趋势性）

0.58 个，1951—1980 年间的 30 年气候值为 12.7 个，而 1981—2010 年间的气候值只有 10.1 个。图中还可见影响南海的 TC 频数具有年代际变化特征。1980 年之前，热带气旋频次年际变化的幅度明显比 1980 年之后的幅度大，前者最多年和最少年频次相差可达 15 个，后者为 12 个。

图 3-6 所示的是登陆海南岛的热带气旋频数变化曲线。由图 3-6 可见，登陆海南岛的 TC 频数最多年可达 6 个（1956 年、1971 年），有 5 年无 TC 登陆，均出现在 1980 年之后，分别是 1982 年、1997 年、1999 年、2004 年和 2012 年。与影响南海 TC 频次变化趋势相同，从 1949 年至 2014 年，登陆海南岛的 TC 频数呈减少趋势，倾向率为每 10 年 0.16 个，1951—1980 年间的 30 年气候值为 2.6 个，而 1981—2010 年间的气候值只有 2.1 个。

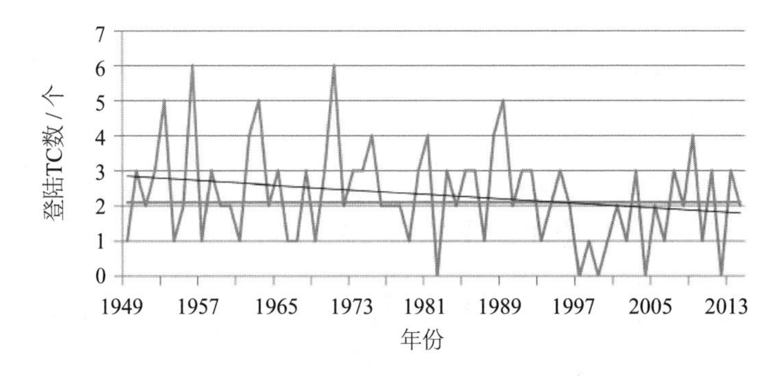

图3-6　登陆海南岛的热带气旋频数变化曲线（粗直线为多年平均，斜细线为趋势性）

3.3.3　南海热带气旋各季频次的变化

图 3-7 所示的是第一季度影响南海的热带气旋频数变化曲线。由图 3-7 可见，第一季度影响南海的 TC 不活跃，多年平均为 0.2 个，多数年份无 TC 影响，少数年份为 1 个，个别年份有 2 个，分别是 1965 年、1982 年、2012 年和 2013 年。第一季度影响南海的 TC 频数无明显变化趋势，年代际变化特征也不明显。

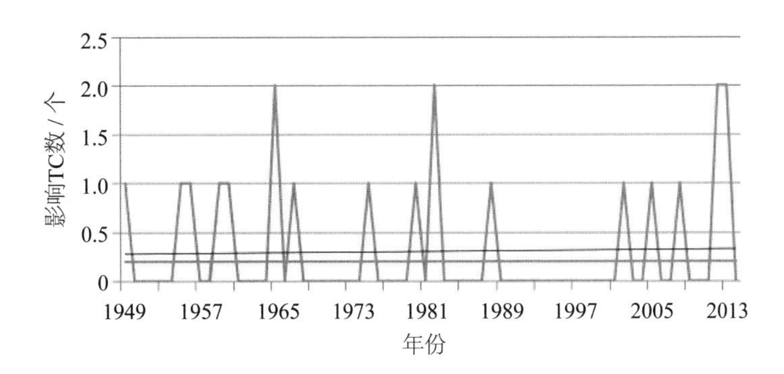

图3-7　第一季度影响南海的热带气旋频数变化曲线（粗直线为多年平均，斜细线为趋势性）

图 3-8 所示的是第二季度影响南海的热带气旋频数变化曲线。由图 3-8 可见，第二季度影响南海的 TC 仍不活跃，多年平均为 1.7 个。1949—2014 年的 66 年间，19 年的 TC 频数为 1 个，16 年为 2 个，14 年为 3 个，11 年无 TC 影响，TC 频数 4 个以上的年份不常见，仅 6 年。第二季度影响南海的 TC 频数亦无明显变化趋势；年代际变化特征相对明显，1991—2014 年的 24 年里，无 TC 影响的年份出现明显频繁，为 6 年；频数为 3 的年份最多，为 7 年，TC 频数 4 个以上的年份只出现了 1 年（2011 年）。

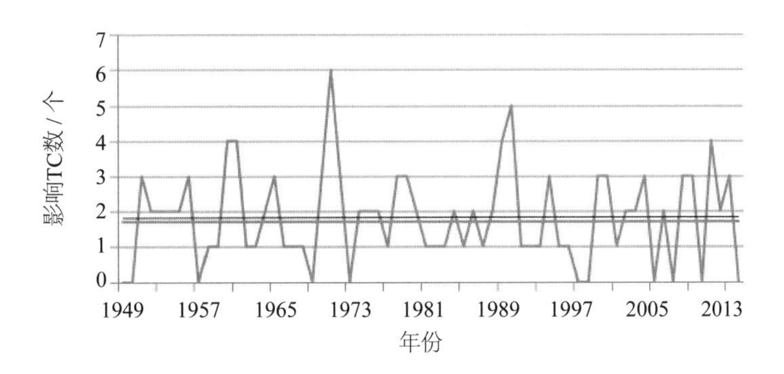

图3-8　第二季度影响南海的热带气旋频数变化曲线（粗直线为多年平均，斜细线为趋势性）

图 3-9 所示的是第三季度影响南海的热带气旋频数变化曲线。由图 3-9 中可见，第三季度影响南海的 TC 非常活跃，多年平均为 4.5 个（占全年的 44.6%）。第

三季度影响南海的 TC 频数最多年可达 11 个（1964 年），2004 年无 TC 影响。图中还可见，从 1949 年至 2014 年，影响南海的 TC 频数有减少趋势，倾向率为第 10 年 0.46 个，1951—1980 年间的 30 年气候值为 6.5 个，比 1981—2010 年间的气候值（4.5 个）多 2 个。第三季度 TC 的减少是年均 TC 减少的主要原因。

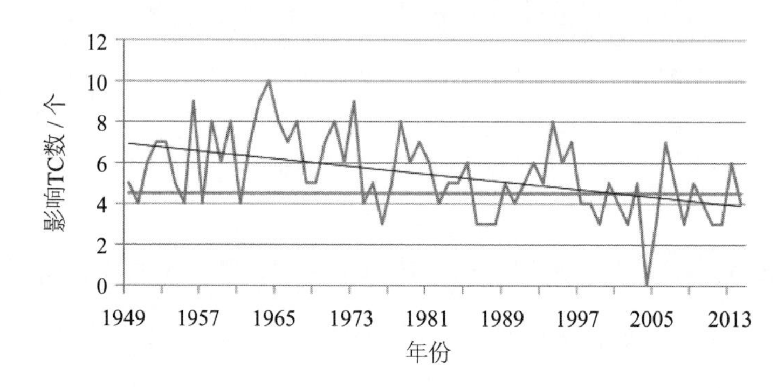

图3-9　第三季度影响南海的热带气旋频数变化曲线（粗直线为多年平均，斜细线为趋势性）

图 3-10 所示的是第四季度影响南海的热带气旋频数变化曲线。图中可见，第四季度影响南海的 TC 较为活跃，多年平均为 3.7 个（占全年的 36.6%）。第四季度影响南海的 TC 频数最多年为 10 个（1970 年），最少为 0 个（1976 年、2002 年），20 世纪 60 年代末至 20 世纪 70 年代初最为活跃，多数年份在 2 ~ 7 个之间变化，2000 年以后，第四季度 TC 数均少于 5 个。1949—2014 年影响南海的 TC 频数有减少趋势，倾向率为每 10 年 0.13 个。

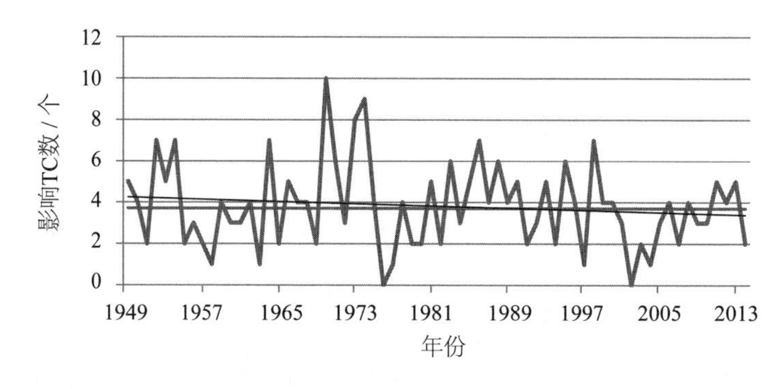

图3-10　第四季度影响南海的热带气旋频数变化曲线（粗直线为多年平均，斜细线为趋势性）

3.4　南海台风潜在破坏力的变化特征

各格点上台风所停留时间（即 TYDT）和所具有的潜在破坏力（即 TYDP）为本章分析对象，单位分别为 $6\times10^3 m^2/s$（TYDP）和 h（TYDT），简洁起见，下文中不再标识。某段时间内某一格点（i, j）上的 TYDT 和 TYDP 的计算见式（3-1）和式（3-2）：

$$\mathrm{TYDT}_{i,j}=\sum t_{i,j}=6\times n \tag{3-1}$$

$$\mathrm{TYDP}_{i,j}=\sum V_2 t_{i,j}=V_2\times 6\times n \tag{3-2}$$

式中：（i, j）为格点（经纬度）坐标；t 为时间，v 为风速，n 为该时间段内该格点上台风出现的总记录点数。格点经纬度范围为（100°—180°E，0°—30°N），分辨率为 0.5°×0.5°。实际中，虽然台风资料里记录点的经纬度并不刚好落在格点坐标上，而且台风的影响均有一定范围，但是由于台风的影响随着距离的拉大，影响程度呈指数下降，因此，基于计算方便，可把记录点的值根据距离反比权重法插值到周围四个格点上，进而进行九点平滑，计算该记录时刻周围各格点的 TYDT 和 TYDP 值。

TYDP 不同于 ACE，后者记录的是单个热带气旋在其生命史中所拥有的潜在破坏力，而前者指的是某时刻热带气旋在某格点（区域）所产生的潜在破坏力。此外，TYDP 能克服频数分布（TYDT 可近似认为等同于频数分布密度）未能反映出台风强度的缺陷。

本章所用的方法有基本气候状态统计量的统计，气候变化的线性倾向估计与显著性检验，以及提取周期的小波分析、功率谱等常用统计诊断方法。

3.4.1　空间分布

图 3-11 所示的是南海 TYDP 和 TYDT 在不同年代的气候值分布。由图 3-11

可见，TYDP和TYDT的高值区均分布在南海北部海南岛以东的海域，20世纪50年代到20世纪70年代略有加强，从20世纪70年代开始不断减弱。图中还可见，10°N以南鲜有台风活动，TYDP的活动范围（大于1.0）基本上局限在10°N以北。

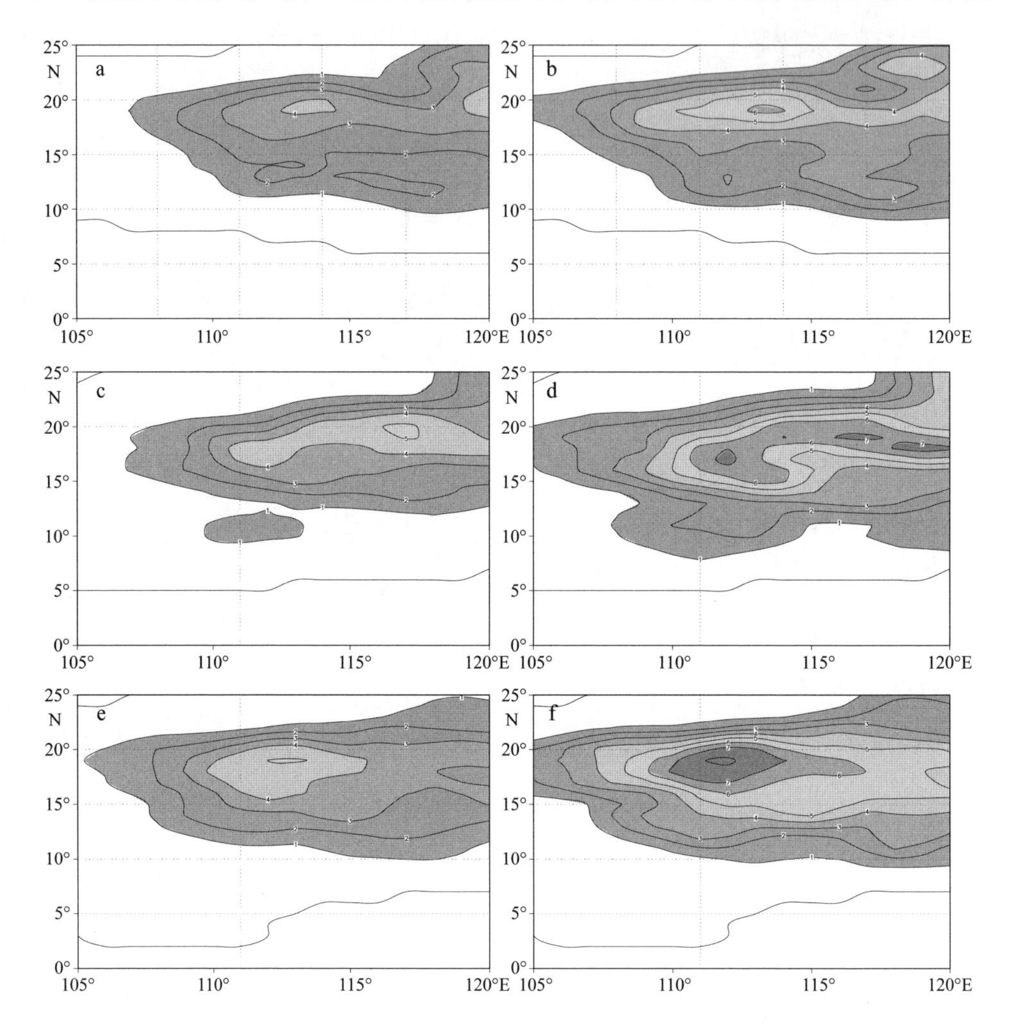

图3-11　南海TYDP（a、c、e、g、i、k）和TYDT（b、d、f、h、j、l）年均值分布

（a、b:1951—1960年平均；c、d:1961—1970年平均；e、f:1971—1980年平均；g、h:1981—1990年平均；i、j:1991—2000年平均；k、l:2001—2010年平均）

此外，比较不同年代 TYDT 和 TYDP 的中心可见，从 20 世纪 70 年代至 2010 年，各自的中心明显东移。综合以上分析表明，南海台风的破坏活动主要局限在 10°N 以北，尤以海南岛以东为主，南海区域台风破坏潜力呈减弱并远离本岛的趋势。

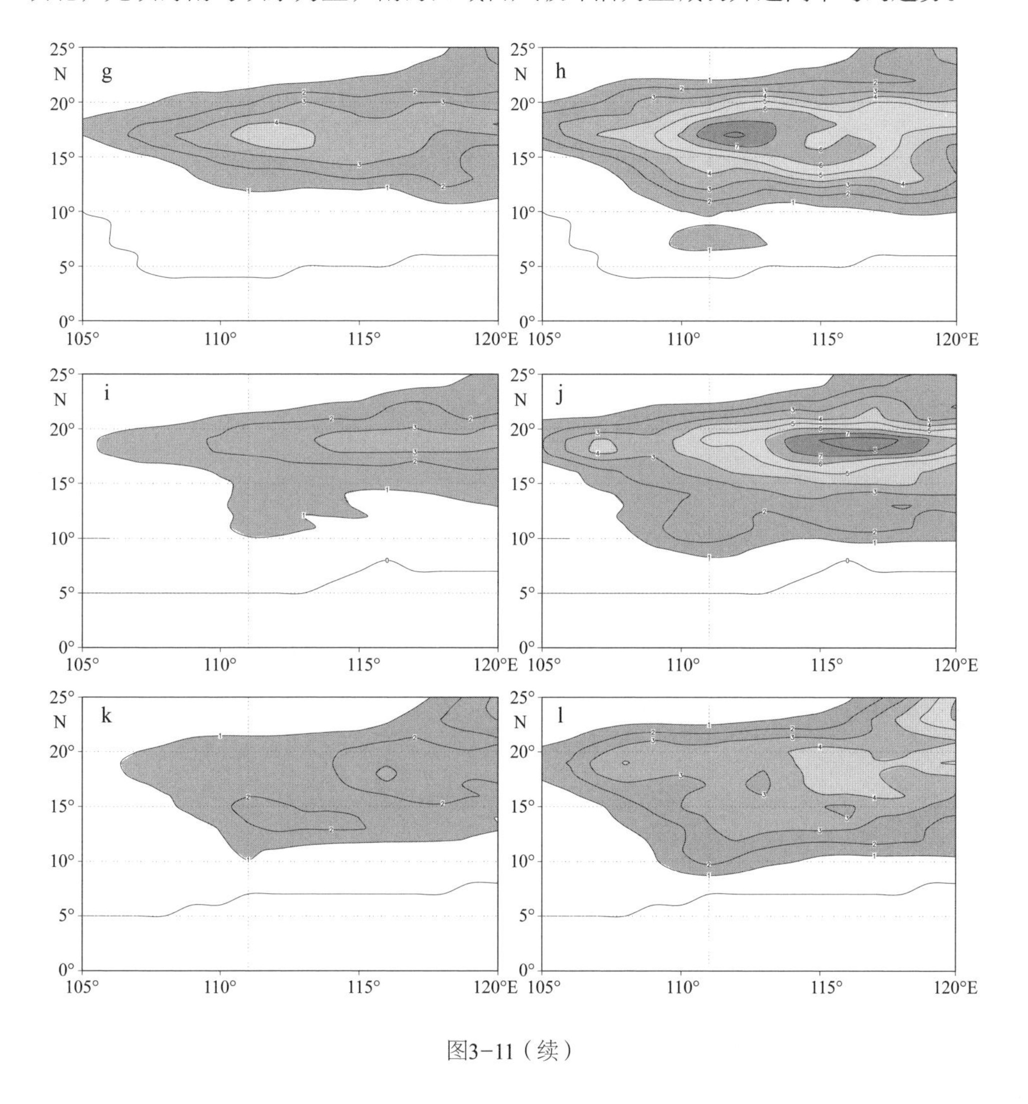

图3-11（续）

图 3-12 所示的是南海常年四个季度的 TYDP 和 TYDT 分布。由图 3-12 可见，TYDP 和 TYDT 下半年的值明显高于上半年，而第四季度又明显低于第三季度。对我国沿海地区而言，TYDP 或 TYDT 的主要影响出现在第二季度和第三季度。逐季

来看，第一季度（1—3 月），TYDP 和 TYDT 的值均较小，二者高值中心值略高于 0.3，中心位于西沙群岛东南（14°N，115°E）附近。可见，第一季度的台风活动强度弱、纬度低、远离陆地，对陆地基本无影响，可称为台风破坏的休眠期。第二季度（4—6 月），TYDP（TYDT）快速加强（长），高值区中心值增大到 0.6（1.2）以上，中心北移至（18°N，114°E）附近，影响区开始覆盖 10°N 以北至我国东南沿海地区。对陆地而言，第二季度台风破坏力开始显现，但强度较弱，时间较短，这段时期可称为台风破坏的开始期。第三季度（7—9 月），TYDP 和 TYDT 出现“突变式”增强（长），高值区中心值快速增大到 1.8（3.5），中心向西扩展至海南岛东部沿海，高影响区开始覆盖我国东南沿海地区。简言之，第三季度台风活动强度强、纬度高、靠近陆地，对陆地威胁大，是台风破坏活跃期。第四季度（10—12 月），TYDP 和 TYDT 减弱（短），高值区中心值 1.2（2.0）以下，重心东南移至（16°N，117°E）。尽管破坏力仍然很强，破坏时间也长，但其高影响范围基本已退出我国东南沿海，仅海南岛部分受到影响。值得注意的是，此时我国南海的中沙、南沙群岛受台风破坏威胁增大。以上分析表明，台风破坏力和破坏时间主要集中在下半年，对海南岛和我国沿海的影响在第二季度开始显现，第三季度威胁最严重，第四季度消退，但对中沙和南沙的威胁加大。

3.5 结论

本文在简述南海气象环境概况的基础上，较细致地分析了南海热带气旋频数的时间分布、年及各季度频数的年际、年代际变化与趋势，借用飓风破坏潜力概念，引申出台风破坏潜力和台风破坏时间的概念，较详细地分析了南海和西北太平洋台风破坏潜力和台风破坏时间的气候特征及其变化特征，主要结论有：

（1）南海气温和海表温度表现为东南高、西北低，降水东南多，西北少。气温和海表温度从 1 月至 5 月快速升高，6 月达最高，至 10 月缓慢降低，10 月后快速

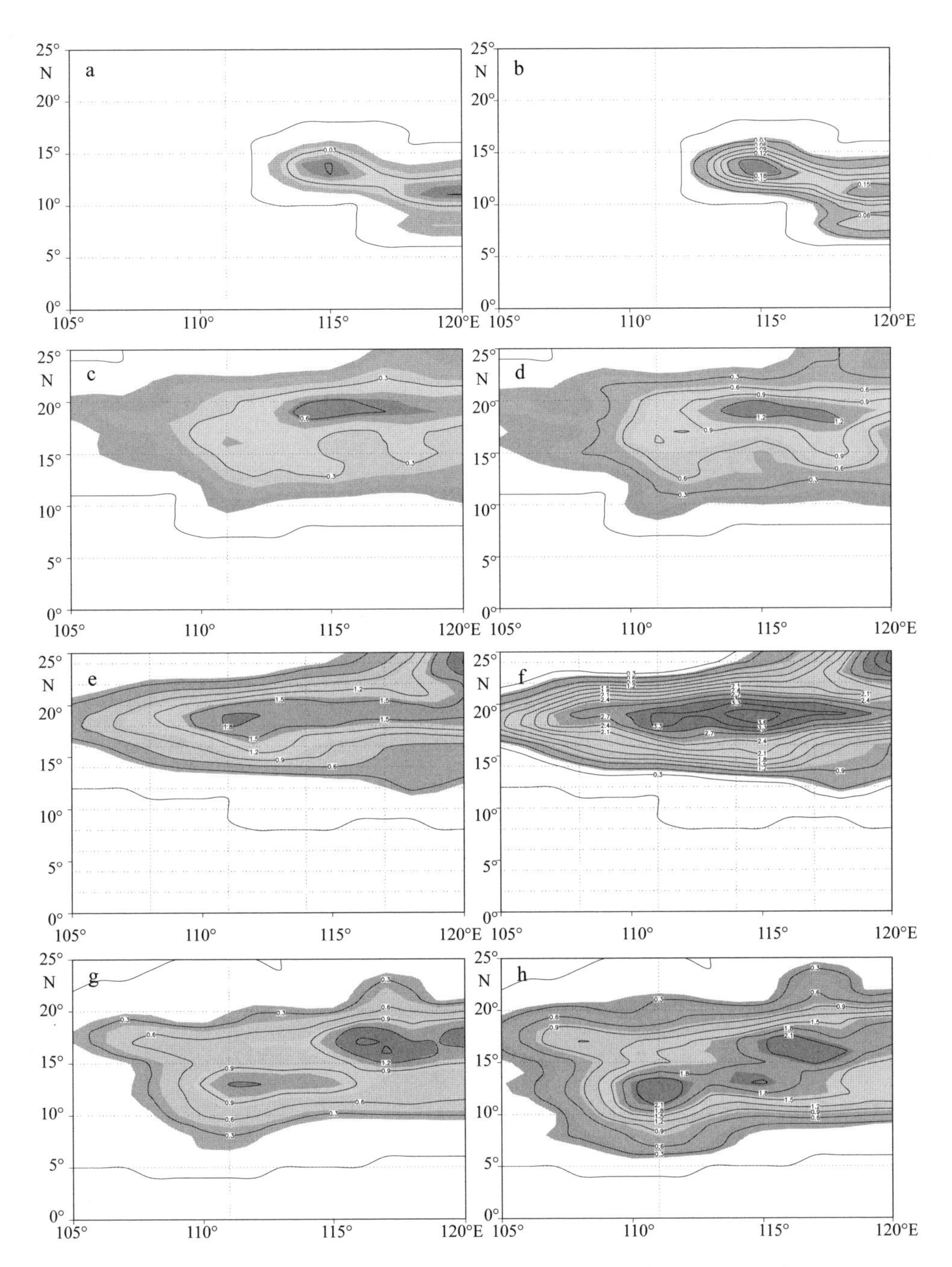

图3-12　南海常年（1981—2010年平均）四季TYDP（a、c、e、g）和TYDT（b、d、f、h）分布

（a、b:1—3月；c、d:4—6月；e、f:7—9月；g、h:10—12月）

降温；降水从 3 月至 6 月快速增多，并继续缓慢增多直至 10 月，之后快速减少。

（2）南海热带气旋活动的活跃期是 7—11 月，10 月是高峰；1—4 月是平静期，2 月是低谷。最为常见的热带气旋强度等级为强风暴（10 ~ 11 级），其活动高峰月为 7 月和 8 月；活跃程度列第二的是台风强度等级，其活动高峰月为 7 月和 9 月；强台风在 9 月最为活跃，而超强台风在 10 月最为活跃；热带低压和风暴强度热带气旋从 5 月至 11 月的活跃度变化不大，10 月是二者的相对活跃高峰。

（3）常年影响南海的热带气旋为 10.1 个。1949 年以来，年频数最多为 20 个（1970 年、1971 年），最少为 4 个（2004 年），并表现为线性减少趋势（每 10 年减少 0.58 个），减少趋势主要集中在第三季度（每 10 年减少 0.46 个）和第四季度（每 10 年减少 0.13 个）。常年登陆海南岛的热带气旋为 2.1 个，1949 年以来也呈现明显的减少趋势（每 10 年减少 0.16 个）。

（4）南海台风潜在破坏力和破坏时间的高值区均分布在南海北部海南岛以东的海域，20 世纪 80 年代以来呈弱（少）状态。

（5）台风破坏力和破坏时间主要集中在下半年，但对我国的影响在第二季度开始显现，第三季度威胁最严重，第四季度消退。

（6）南海和西北太平洋台风破坏潜力和破坏时间的高峰期在 7—11 月，高峰月主要在 9 月、8 月（南海台风破坏时间）或 10 月（南海台风破坏潜力）。南海各区台风活动期长度和高峰月有明显差异。

（7）TYDP 的年际变化率明显大于 TYDT，南海 TYDP 和 TYDT 表现出明显的 20 年准周期性振荡；西北太平洋 TYDP 的周期性不明显，TYDT 则表现出 10 ~ 15 年的准周期性振荡。

（8）西北太平洋 TYDP 和 TYDT 均呈减弱（少）趋势，TYDP 减弱趋势显著；南海 TYDP 呈减弱趋势，TYDT 呈增长趋势，但线性趋势不显著。南海各区域 TYDP 呈减弱趋势，TYDT 呈增加趋势（海南岛近海为弱的减少趋势），线性趋势均不显著。

第 4 章　非汛期影响海南热带气旋的活动变化特征

4.1　引言

热带气旋即通常所称的台风，是破坏力最强的气象灾害之一[1]，另一方面，热带气旋能带来充沛的降水，有时它对工农业生产也不无益处。因此，对热带气旋进行研究，了解热带气旋的活动特征，对防灾减灾，趋利避害很有意义。过去在这方面已做了不少工作。陈敏等[2]指出近 50 年台风生成频数的气候特征为：1960—1972 年间台风明显偏多，1975 年以后相对偏少；全年台风以夏秋之交发生最多，春季最少；多数台风的中心气压大于 960 hPa，以 990 ~ 1 000 hPa 最多；台风的路径以西行最多，路径类型有明显的季节变化，较强的台风大多发源于 125°E 以东的洋面上，发源于马里亚纳群岛附近的台风最强。林惠娟和张耀存[3]发现影响我国的 TC 活动具有明显的阶段性特征，20 世纪 60 年代影响我国的 TC 数明显偏少，而后进入偏多期，20 世纪 90 年代又相对偏少。杨桂山[4]计算近 40 年西北太平洋年平均热带气旋发生总数和其中台风发生数与海表温度，以及与年平均登陆中国热带气旋总数和其中台风登陆数长趋势变化之间的相互关系，发现两者之间的长趋势变化存在显著的相关关系。并指出，至 2050 年前后，全球变暖将可能导致西北太平洋地区平均海表温度升高 1 ℃左右，由此将可能引起年登陆中国热带气旋总数平均增加 65% 左右，其中年登陆中国台风数将可能增加 58%。陈乾金[5]研究发现我国东部冷夏年近海强热带气旋无论在其频数、路径、强度和移速变化等方面均与热夏年迥然不同。张庆云和彭京备[6]探讨了夏季东亚大气环流、大气视热源和视水汽汇的年际及年代际变化与登陆中国台风频数的关系，研究表明：夏季东亚—西太平洋热带大气视热源和视水汽汇为正（负）距平，即东亚热带大气出现辐射加热（冷却）和变湿（变干），登陆中国台风数偏多（少）。贺海晏等[7]则对近50年登陆广东热带气旋的气候特征进行了较细致地研究。

海南素有台风走廊之称，是我国受台风影响最多、最严重的省份之一。海南岛地处南海之北，特殊的地理位置决定了影响它的热带气旋也有自己独特的特征。海南没有明显的四季，但季风气候明显，5—9月为夏季风，10月至翌年4月为冬季风，在不同的季风阶段，台风的活动特征也会有明显的差别。为了方便起见，我们把10月至翌年4月称之为非汛期（区别5—9月的汛期）。

我国气象学者对非汛期热带气旋的特征研究很少，但其却仍然可能对海南造成重要的影响，如2003年11月份登陆的台风“尼伯特”造成海南经济损失非常巨大。因此，研究非汛期热带气旋对海南的影响同样有着重要的意义。

本章根据1949—2002年的西北太平洋台风资料，对非汛期影响海南的热带气旋的年际变化、季节变化、发生源地和强度的时空分布特征进行了统计分析，资料从中国气象局组织整编的台风年鉴中摘录，年限为1949—2002年共计54年。为了便于用计算机进行统计分析，用摘录的数据建立了台风基本数据文件，包括5个参数：台风序号、中心气压极值、源地纬度、源地经度、影响类型。其中影响类型分为影响（进入106°—114°E、15°—23°N范围之内）、严重影响（进入108°—112°E、17°—21°N范围之内），严重影响类型的热带气旋是影响类型热带气旋的子集。

4.2 非汛期热带气旋概况

表4-1给出了1949—2002年西北太平洋（南海）、影响海南、登陆海南的热带气旋（包括台风）、台风各月总频次。从表中我们可以看出，影响海南的热带气旋活动的季节变化与西北太平洋热带气旋活动的季节变化一致，10月份仍然是热带

气旋活动的活跃期。除 10 月份外，非汛期影响海南的热带气旋活动频次显著减少。非汛期影响海南的热带气旋主要集中在 10 月和 11 月，占影响海南热带气旋总数的 21.4%，占非汛期影响海南热带气旋总数的 92.6%，而 12 月至翌年 4 月影响海南的热带气旋有 6 个，仅占全年总气旋的 1.7%。表中我们还可见非汛期影响海南的热带气旋强度偏强，各月台风在影响海南的热带气旋中的比例均达 50% 以上，登陆台风在登陆热带气旋中的比例更高，而汛期中各月台风在影响海南的热带气旋比例最大也只是 37.5%（5 月），也就是说，在非汛期，热带气旋以台风的形式影响海南的概率更为明显。

表 4-1　1949—2002 年西北太平洋（南海）、影响海南、登陆海南的热带气旋各月频次

		1 月	2 月	3 月	4 月	5 月	6 月	7 月	8 月	9 月	10 月	11 月	12 月
西北太平洋	气旋频次	38	17	29	42	53	107	207	313	272	208	132	83
	台风频次	17	8	12	22	30	40	94	120	131	122	70	40
影响海南	气旋频次	1	0	0	3	16	42	55	79	78	53	22	2
	台风频次	1	0	0	1	6	13	20	22	21	33	11	2
登陆海南	气旋频次	0	0	0	0	5	12	15	33	23	10	6	0
	台风频次	0	0	0	0	2	4	6	8	6	9	4	0

4.3　非汛期影响海南热带气旋的年际、年代际变化

4.3.1　频次的年际、年代际变化

为了解非汛期影响海南热带气旋频次的年际、年代际变化，我们对比分析了西北太平洋热带气旋总频次、非汛期影响海南的热带气旋频次、非汛期严重影响海南的热带气旋频次和全年严重影响海南的热带气旋频次的时间曲线（图 4-1）。由图可见，非汛期影响海南的热带气旋频次以 1 个（15/54，即 54 年中有 15 年）、2 个（14/54）和无（12/54）为主，而严重影响海南的热带气旋频次则主要表现为无（26/54）、1（14/54）和 2（9/54）。

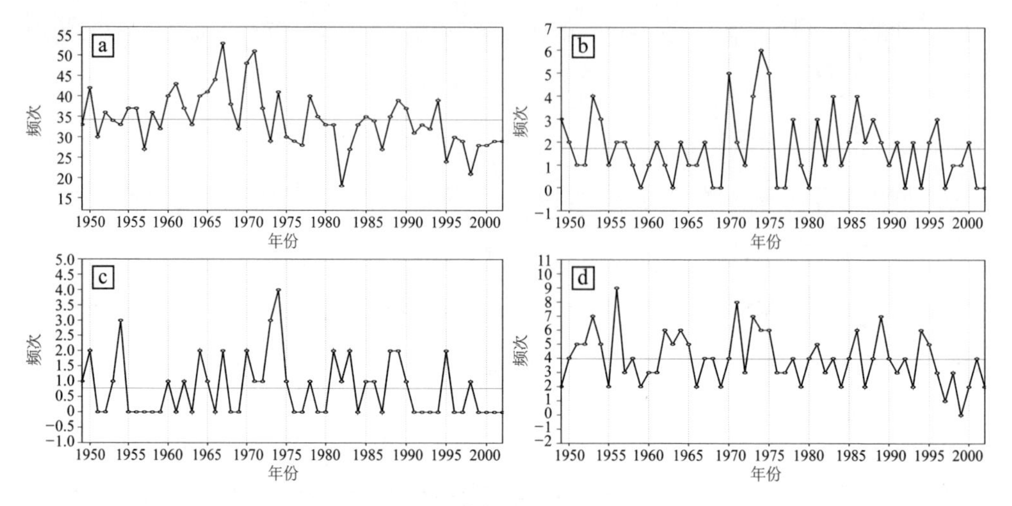

图4-1 热带气旋频次时间曲线

（a. 西北太平洋热带气旋总频次；b. 非汛期影响海南的热带气旋频次；c. 非汛期严重影响海南的热带气旋频次；d. 全年严重影响海南的热带气旋频次）

进一步分析了以上各类热带气旋频次的趋势变化，结果表明，西北太平洋热带气旋总频次与年内严重影响海南的热带气旋总频次（图 4-1a、d）有明显的减少趋势，线性倾向率分别为 −0.17、−0.03（个 / 年），线性趋势系数分别为 −0.405、−0.270，均通过信度 0.1 的显著性检验，但非汛期内影响和严重影响海南的热带气旋频次（图 4-1b、c）均无明显的减少趋势，线性倾向率分别为 −0.009、−0.007（个 / 年），线性趋势系数没有通过显著性检验。

另外，我们对各类热带气旋频次的时间序列做了滑动 T 检验，结果显示只有西北太平洋热带气旋总频次的时间序列存在突变，突变点在 1972—1974 年之间，而其余时间序列则没有明显的突变，这意味着影响海南的热带气旋频次总态势没有明显的变化，也就是说它并没有受发生在 20 世纪 70 年代中期的气候突变影响。

为了分析各个频次时间序列的周期变化，我们进行了 Morlet 小波分析。Morlet 小波实部作为小波变换得到的三个最重要变量之一，其本身也是一个对称的小波函数，可以表示不同特征时间尺度信号在不同时间的强度和位相两方面的信息[8]，

Morlet 小波分析方法在时域与频域同时具有良好的局部性，并且可对信号进行时空多尺度分析，可以聚集到所研究对象的任意微小细节 [9]。图 4-2 是西北太平洋热带气旋总频次、非汛期影响海南的热带气旋频次、非汛期严重影响海南的热带气旋频次和全年严重影响海南的热带气旋频次的时间序列的小波分析。图中可见，在年代际变化上，西北太平洋热带气旋总频次的时间序列存在 20 ～ 25 年的主周期；而非汛期影响海南的热带气旋频次和全年严重影响海南的热带气旋频次时间序列则均存在准 10 年、15 ～ 20 年的主周期；非汛期严重影响海南的热带气旋频次时间序列则存在 8 ～ 10 年主周期，准 20 年周期的信号很弱。为了更准确地分析序列年际变化周期，我们把小波分析的高频部分的图像放大，如图 4-3。由图可见，西北太平

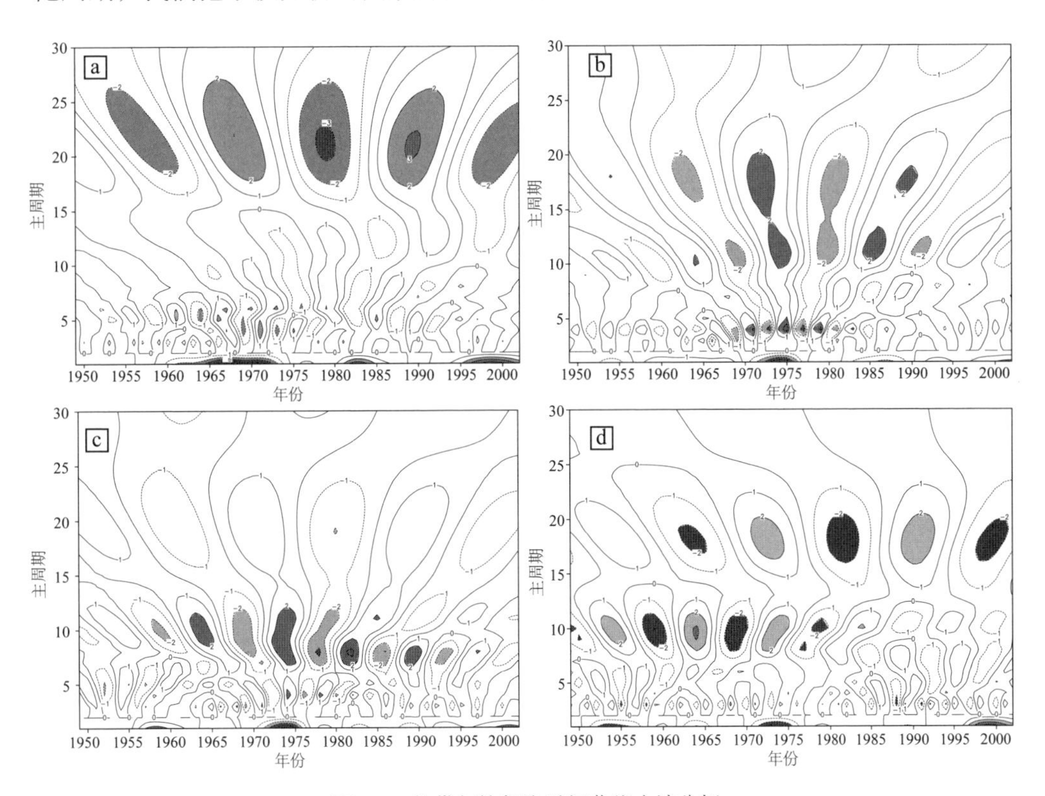

图4-2　热带气旋频次时间曲线小波分析

（a. 西北太平洋热带气旋总频次；b. 非汛期影响海南的热带气旋频次；c. 非汛期严重影响海南的热带气旋频次；d. 全年严重影响海南的热带气旋频次）

洋热带气旋总频次的年际变化有 3 年、4 年和 5 ~ 6 年的周期，周期信号在 20 世纪 60 年代到 20 世纪 70 年代中期较强，且以 4 年、5 ~ 6 年周期为主，非汛期影响海南的热带气旋频次年际变化以 4 年周期为主，周期信号在 20 世纪 60 年代末期到 20 世纪 80 年代前期较强，非汛期严重影响海南的热带气旋频次年际变化周期信号较强的时期集中在 20 世纪 60 年代后期（以 2 年周期为主）和 20 世纪 70 年代（以 4 年周期为主），全年严重影响海南的热带气旋频次年际变化的周期信号均较弱。

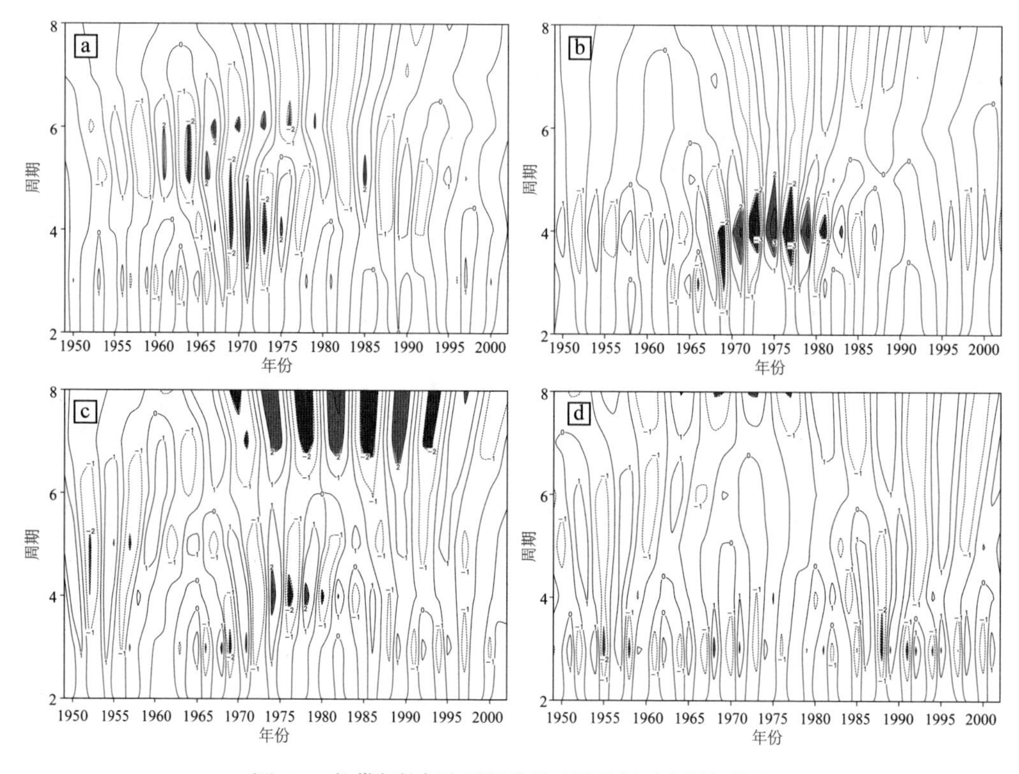

图4-3　热带气旋频次时间曲线小波分析（高频部分）

（a. 西北太平洋热带气旋总频次；b. 非汛期影响海南的热带气旋频次；c. 非汛期严重影响海南的热带气旋频次；d. 全年严重影响海南的热带气旋频次）

我们进一步用累积距平来分析热带气旋频次的年代际变化，图 4-4 是西北太平洋热带气旋总频次、非汛期影响海南的热带气旋频次、非汛期严重影响海南的热带气旋频次和全年严重影响海南的热带气旋频次的累积距平曲线。由图可见，西北太平洋热带气旋总频次的年代际变化表现为 20 世纪 70 年代中期以前热带气旋活动偏多，以后则偏少；非汛期影响和严重影响海南的热带气旋频次的年代际变化表现为相似的特征：20 世纪 50 年中期至 20 世纪 60 年代后期偏少，20 世纪 70 年代前期偏多，20 世纪 70 年代后期偏少，20 世纪 80 年代偏多，20 世纪 90 年代偏少，两者的相关系数达 0.686；而全年严重影响海南的热带气旋频次的累积距平曲线更多地与西北太平洋热带气旋总频次的累积距平曲线相一致，即 1975 年前总体偏多，以后总体偏少，二者的相关系数达 0.319。

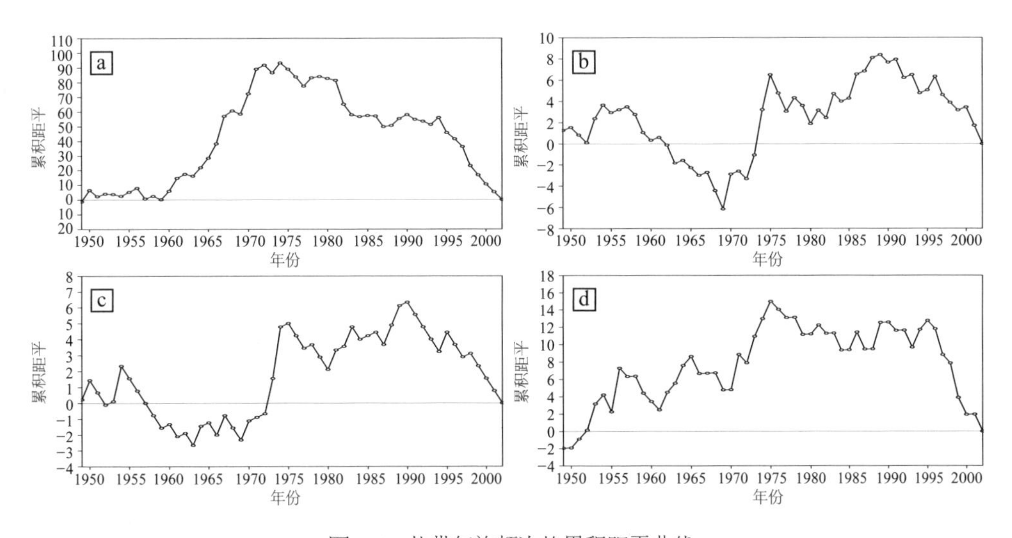

图4-4　热带气旋频次的累积距平曲线

（a. 西北太平洋热带气旋总频次；b. 非汛期影响海南的热带气旋频次；c. 非汛期严重影响海南的热带气旋频次；d. 全年严重影响海南的热带气旋频次）

4.3.2　非汛期严重影响海南热带气旋强度的活动特征

4.3.2.1　非汛期严重影响海南热带气旋强度极值的年际、年代际变化

为了解非汛期严重影响海南的热带气旋强度的年际、年代际变化，我们把各年该时段内严重影响海南的最强热带气旋中心极值（无热带气旋影响的年份用缺省值

1010 代替）作为研究的时间序列，图 4-5 是非汛期严重影响海南热带气旋的各年强度极值及其累积距平和小波分析。图中可见，较强的热带气旋主要出现在 1954 年、1967 年、1970 年、1973 年、1985 年、1990 年、1995 年，而这些年均是拉妮娜年[10]（1990 年例外）。拉妮娜年，西北太平洋海表温度正距平，其上空对流活动更强烈，二者均有利于热带气旋的发展并加强，这可能是较强热带气旋主要出现在拉妮娜年的原因之一。进一步分析该序列的累积距平和周期，结果显示：非汛期严重影响海南的热带气旋强度的年际变化存在 3 年（20 世纪 60 年代后期）、4 年（20 世纪 70 年代后期—20 世纪 80 年代）和 5 年（20 世纪 90 年代前期）的周期，而年代际变化则存在准 10 年、15 ~ 20 年的主周期，20 世纪 50 年代后期到 20 世纪 60 年代前期活动的热带气旋偏弱，20 世纪 60 年代后期到 20 世纪 70 年代前期偏强，20 世纪 70 年代后期偏弱，20 世纪 80 年代偏强，20 世纪 90 年代又偏弱。

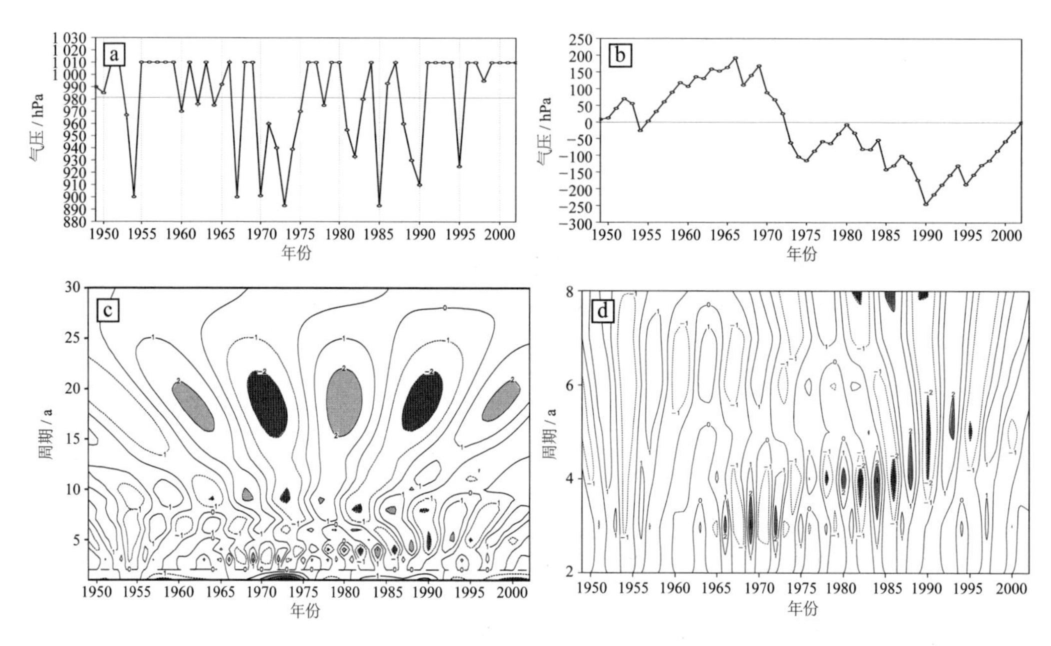

图4-5　非汛期严重影响海南热带气旋的各年强度极值（a）及其累积距平（b）和小波分析（c）及小波分析高频部分（d）

4.3.2.2　非汛期严重影响海南热带气旋源地分析

为了解非汛期严重影响海南的不同强度热带气旋的源地特征，我们对 1949—2002 年非汛期共 42 个严重影响海南的热带气旋生成地的经纬度进行了分析，结果表明，生成地纬度与热带气旋强度关系不明显，相关系数为 0.297，只能通过信度 0.1 的相关显著性检验，但源地的经度与热带气旋强度有显著的相关性，相关系数达 −0.643，可通过信度 0.001 的显著性检验。图 4−6 显示的是 1949—2002 年非汛期严重影响海南的 42 个热带气旋的源地的经度序列曲线及与之对应的热带气旋中心极值序列曲线。由图可见，较强的热带气旋（中心极值 940 hPa 以下）均生成于 135° E 以东的洋面，而序列曲线中，经度的极小值点与中心极值的极大值点基本成一一对应关系，即非汛期严重影响海南的热带气旋源地越西，其强度越弱。热带气旋生成后发展加强，需要空间和时间，严重影响海南热带气旋的源地越西，影响海南之前发展的时间越短，空间越小，因而强度也就越弱。

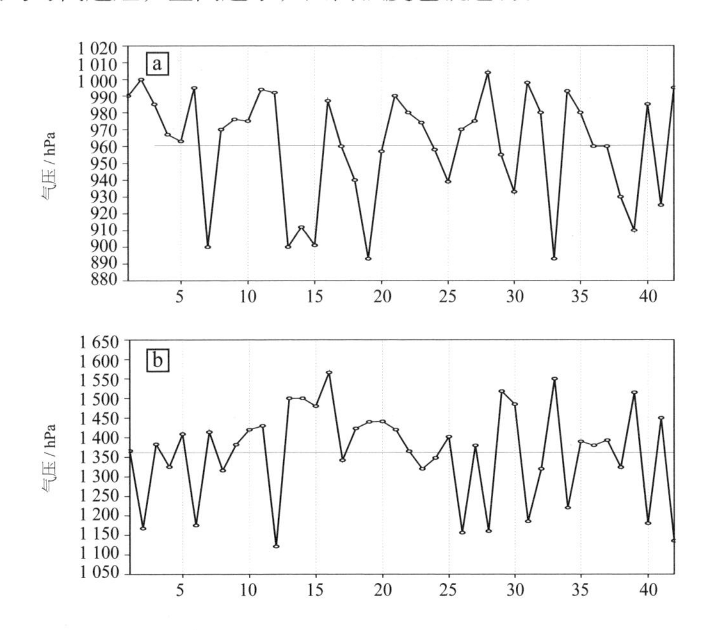

图4−6　1949—2002年非汛期严重影响海南的42个热带气旋的源地的经度序列曲线（a）及与之对应的热带气旋中心极值序列曲线（b）

4.4 非汛期登陆海南岛热带气旋登陆点的变化特征

为了分析非汛期影响海南的热带气旋登陆情况及变化特征，表 4–2 列出了 1949—2002 年非汛期内登陆海南的热带气旋登陆点及登陆气旋的性质。从表中可以看出：热带气旋登陆海南有三个高峰期，分别在 20 世纪 50 年代初、20 世纪 70 年代初和 20 世纪 80 年代末，这与非汛期内严重影响海南的热带气旋年代际变化 15 ~ 20 年的主周期是一致的。表中还可见，进入 20 世纪 70 年代以后，非汛期内登陆海南的热带气旋强度偏强，均表现为台风的形式。从登陆地点来看，非汛期登陆海南的热带气旋的登陆点均处于海南岛的东侧海岸线上，而在汛期，在海南西南的乐东、西北的临高以及北部的海口均有热带气旋登陆，登陆热带气旋数分别为 1 个、2 个和 3 个。另外，从表中还可看出，1975 年以后，登陆点均处于万宁以南，即非汛期登陆海南的热带气旋登陆点有南移趋势。

表 4–2　非汛期内登陆海南热带气旋的性质及登陆点

序号	5032	5040	5326	6539	7039	7139	7233	7322
登陆点	琼海	万宁	文昌	文昌	琼海 – 文昌	三亚	文昌	三亚
性质	热带低压	强热带风暴	台风	强热带风暴	台风	台风	台风	台风
序号	7432	8129	8530	8831	8832	8934	9033	9521
登陆点	文昌	陵水 – 三亚	三亚	万宁	万宁	三亚	三亚	三亚
性质	台风	台风	台风	台风	台风	台风	台风	台风

4.5 结论

通过 1949—2002 年共 54 年的台风资料，对非汛期影响海南的西北太平洋台风活动的气候特点进行统计分析，结果表明：

（1）在西北太平洋热带气旋活动总频次和全年影响海南的热带气旋频次呈减少趋势的背景下，非汛期内影响和严重影响海南的热带气旋频次没有表现出此种趋势。

（2）非汛期影响海南的热带气旋频次、非汛期严重影响海南的热带气旋频次以及全年严重影响海南的热带气旋频次时间序列均存在准 10 年、15 ~ 20 年的主周期，非汛期影响和严重影响海南的热带气旋频次的年代际变化表现为相似的特征：20 世纪 50 年代中期到 20 世纪 60 年代后期偏少，20 世纪 70 年代前期偏多，20 世纪 70 年代后期偏少，20 世纪 80 年代偏多，20 世纪 90 年代偏少。

（3）非汛期严重影响海南的较强的热带气旋主要出现在拉妮娜年，非汛期严重影响海南的热带气旋强度的年代际变化存在 15 ~ 20 年的主周期，20 世纪 50 年代后期到 20 世纪 60 年代前期活动的热带气旋偏弱，20 世纪 60 年代后期到 20 世纪 70 年代前期偏强，20 世纪 70 年代后期偏弱，20 世纪 80 年代偏强，20 世纪 90 年代又偏弱。

（4）较强的热带气旋（中心极值 940 hPa 以下）均生成于 135° E 以东的洋面，而源地越西，其强度越弱。

（5）非汛期登陆海南的热带气旋的登陆点均处于海南岛的东侧海岸线上，20 世纪 70 年代中期以后，登陆点有南移趋势，且均以台风形式登陆。

参考文献

[1] 梁必骐 , 梁经萍 , 温之平 . 中国台风灾害及其影响的研究 [J]. 自然灾害学报 , 1995, 4(1): 84−91.

[2] 陈敏 , 郑永光 , 陶祖钰 . 近 50 年（1949—1996）西北太平洋热带气旋气候特征的再分析 [J]. 热带气象学报 , 1999, 15(1):10−16.

[3] 林惠娟 , 张耀存 . 影响我国热带气旋活动的气候特征及其与太平洋海温的关系 [J]. 热带气象学报 , 2004, 20(2):218−224.

[4] 杨桂山 . 中国热带气旋灾害及全球变暖背景下的可能趋势分析 [J]. 自然灾害学报 , 1996, 5(2):47−55.

[5] 陈乾金 . 中国东部冷、热夏与近海强热带气旋变化的若干特征 [J]. 热带气象学报 , 1997, 13(3):201−207.

[6] 张庆云 , 彭京备 . 夏季东亚环流年际和年代际变化对登陆中国台风的影响 [J]. 大气科学 , 2003, 27(1):97−106.

[7] 贺海晏 , 简茂球 , 宋丽莉 , 等 . 近 50 年广东登陆热带气旋的若干气候特征 [J], 气象科学 , 2003, 23(4):401−409.

[8] 杨辉 , 宋正山 . 华北地区水资源多时间尺度分析 [J]. 高原气象 , 1999, 18(4):496−508.

[9] 苗娟 , 林振山 . 我国九大气候区降水特性及其物理成因的研究 I ——基本特性分析 [J]. 热带气象学报 , 2003, 19(4):377−388.

[10] 冯利华 . 中国登陆热带气旋与太平洋海表温度的关系 [J]. 地理学报 , 2003, 58(2):209−214.

第 5 章 海南岛热带气旋降水的气候特征

5.1 引言

一般认为，热带气旋是一种灾害天气系统，人们通常从灾害的角度看待热带气旋[1]，但热带气旋同样有其积极作用的一面，如给影响区域带来丰沛的降水。2004 年为海南自 1949 年有气象记录以来首个无热带气旋影响海南岛的年份，风灾和涝灾为有记录以来最轻的年份，另一方面，年降水量亦达 1961 年以来的第四少值，海南省遭受中华人民共和国成立后罕见的严重干旱。无热带气旋影响伴随的严重干旱使人们对海南热带气旋的看法有所改观，人们开始重新思考热带气旋在海南的作用。

降水天气系统是非常复杂、包含许多不同尺度和类型的天气系统，一般的降水预测业务工作中，我们把一个地区的降水作为一个整体来考虑，在此基础上寻找曲线变化特征和影响因子的变化特征，事实证明这种预测方法在准确率上很难有突破。我们不得不深入思考一个问题，把不同尺度、不同类型的天气系统引起的降水集合在一起整体考虑是否可行？因为不同的天气系统造成的降水振幅不同，周期不同，影响范围也不同。

关于热带气旋路径和频次变化特征的研究很多[2-4]，关于热带气旋降水的研究多集中在登陆热带气旋降水的分布特征方面[5-8]，而关于区域热带气旋降水的变化特征则少有研究。本章我们对热带气旋降水在海南岛降水的地位进行评估，为今后系统地从各个角度评价预测不同天气系统降水投石问路。

5.2 资料和方法

通过对中国气象局《台风年鉴》中逐年影响海南岛的热带气旋在海南岛产生的过程降水量进行整理，得到我们所研究的对象——海南岛热带气旋降水资料。热带气旋的过程降水量指的是测站测量到的热带气旋从进入海南热带气旋影响防区（参考《海南热带气旋服务规范》）时刻（以整点为标记）始至热带气旋离开防区时刻止这段时间内的累积降水量，为了计算方便，我们把起始和终止时刻定在8时或20时。为了研究热带气旋降水在年总降水中的比重和年际、年代际变化，我们对这些过程降水逐年进行累积。考虑资料的整齐程度，我们截取1962年到2013年共52年的资料进行分析。

我们用经验正交函数分解（Empirical Orthogonal Function，EOF）方法求取热带气旋降水场占优势的前主分量，其时间曲线包含该场的主要变化特征，作为我们研究的对象序列。参照文献[9]引入趋势系数和倾向率来研究线性倾向趋势和变化幅度。用Mann-Kendall方法（以下简称M-K方法）进行突变检验[10]，用来分析其跃变现象。用小波分析年际、年代际的周期变化特征。

5.3 海南岛热带气旋降水的地位

5.3.1 热带气旋降水百分率的空间分布

为了解海南岛热带气旋降水所起的作用，我们计算了海南岛热带气旋降水量在年总降水量中的最大百分率和平均百分率分布。海南岛热带气旋降水在年总降水中的比重最大超过4成，西部和南部沿海则达6成以上，东方热带气旋降水量占年总降水量的最大比例可达73.1%。热带气旋降水平均占年总降水量的比重均超过18%，沿海地区均超过22%，西部和南部沿海超过27%。热带气旋降水在西部的地位尤其突出。这是因为热带气旋降水的区域差异比非热带气旋降水的差异要小，而非热带气旋降水西部明显偏少的缘故。另外，沿海地区热带气旋降水在总降水中的比重比在内陆地区要大。

5.3.2　热带气旋降水百分率的时间变化

为了解海南岛热带气旋降水作用随时间的变化，我们做出海南岛平均的热带气旋降水在年总降水中的百分率变化时间曲线（如图 5-1），其中光滑曲线为年际变化曲线低通滤波处理后所得，虚线为回归线。海南岛平均的热带气旋降水在年总降水中的百分率最大接近 50%，平均比重为 24.2%，即海南岛平均每年约有 1/4 的降水由热带气旋所供应。从图 5-1 中我们还发现热带气旋降水的比重变化总体无明显线性趋势。

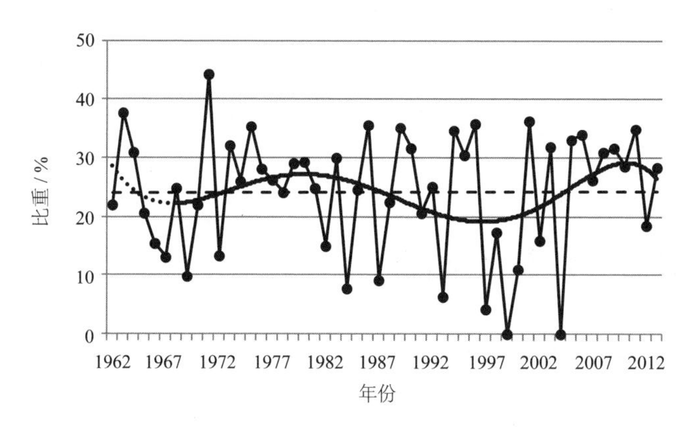

图5-1　海南岛热带气旋降水占年总降水的百分比分布

5.3.3　热带气旋降水与年总降水的相互关系

为进一步了解海南岛热带气旋降水的地位，我们分析了海南岛热带气旋降水量与年总降水量的相关性。海南岛大部分地区热带气旋降水量与年总降水量显著正相关，均可通过 0.1% 的信度检验，进一步说明海南热带气旋降水起着非常重要的作用。南部和西南部地区的相关系数更高，说明热带气旋降水在该地区的作用尤为重要，这与上面的分析吻合。

表 5-1 则给出了总降水显著偏少年份（距平小于负 1 倍均方差）对应的热带气旋降水距平与均方差的比值和热带气旋降水显著偏多年份（距平大于 1 倍均方差）对应的总降水距平与均方差的比值。由表 5-1 可见：年总降水显著偏少的年份，热带气旋降水偏少；热带气旋降水显著偏多的年份，年总降水量偏多。

表 5-1　海南岛总降水与热带气旋降水的关系

总降水显著偏少年份	1966	1968	1969	1977	1979	1987	2004	2006
热带气旋降水距平 / 均方差	−0.98	−0.37	−1.47	−0.65	0.05	−1.47	−2.02	0.41

热带气旋降水显著偏多年份	1963	1964	1971	1973	1975	1989	1994	1996	2001	2008	2009	2011
总降水距平 / 均方差	0.08	1.14	−0.42	1.23	0.03	0.81	0.55	0.20	1.27	1.16	1.68	0.96

5.4　热带气旋降水变化特征

5.4.1　热带气旋降水变化的空间特征

为了分析海南岛降水年际、年代际变化的时空特征，我们对海南岛 18 个测站完整的 48 年（1966—2013 年）热带气旋降水距平作经验正交函数分解（EOF）分析，表 5-2 是 EOF 分析的前三个主分量的方差率。由表可见，第一主分量的方差率为 74%，远远大于第二、第三主分量的方差率，在各主分量中占绝对主导地位，意味着第一主分量能反映出海南岛热带气旋降水年际、年代际变化的总体特征。

表 5-2　海南岛热带气旋降水变化的 EOF 前三个主分量的方差率

主分量	I	II	III
方差贡献率（%）	67.9	12	7.5

热带气旋降水变化 EOF 分析第一主分量的空间分布表现为明显的全岛一致性，具体表现为海南岛中段高，两侧低，尤其南侧低。

5.4.2　热带气旋降水变化的时间特征

图 5-2 是海南岛热带气旋降水变化 EOF 分析第一主分量对应的时间系数曲线（a）及其小波分析（b），图 5-2a 中光滑曲线是经低通滤波处理后所得，虚线是年际变化曲线的回归线。图 5-2a 反映的是热带气旋降水空间场的年际、年代际变化，由图可见其年际变化曲线主要特征表现出一种周期性和下降趋势，1973 年到 1987 年从高到低表现出明显的下降趋势，1988 年、1989 年急剧回升后，1989 年到 2004 年又表现出显著的下降趋势，之后又显著上升。从滤波后曲线看年代际变化可见，20 世纪 70 年代以前热带气旋降水偏少，20 世纪 70 年代、20 世纪 80 年代中期到 20 世纪 90 年代中期偏多，20 世纪 90 年代中期至 21 世纪 00 年代前期偏少，21 世纪 00 年代中期至 21 世纪 10 年代初期偏多。

我们用 Morlet 小波分析方法对海南岛热带气旋降水的周期性变化做进一步的分析（图 5-2b），发现海南岛热带气旋降水存在 2 年、3 年高频年际变化周期，20 世纪 70 年代前期以前以 3 年周期为主，20 世纪 80 年代中期以后以 2 年周期为主。低频的年际变化周期 20 世纪 80 年代以前以 8 ～ 9 年为主，20 世纪 80 年代以后则以准 6 年为主。年代际变化则以准 17 年周期为主，这与前面分析的 1973 年到 1987 年从高到低变化，1989 年到 2004 年又从高到低变化，之后再转向高的阶段性变化相吻合。

我们对海南岛热带气旋降水变化 EOF 分析第一主分量的时间曲线做 M-K 检验，结果表明海南岛热带气旋降水不存在明显的突变现象。

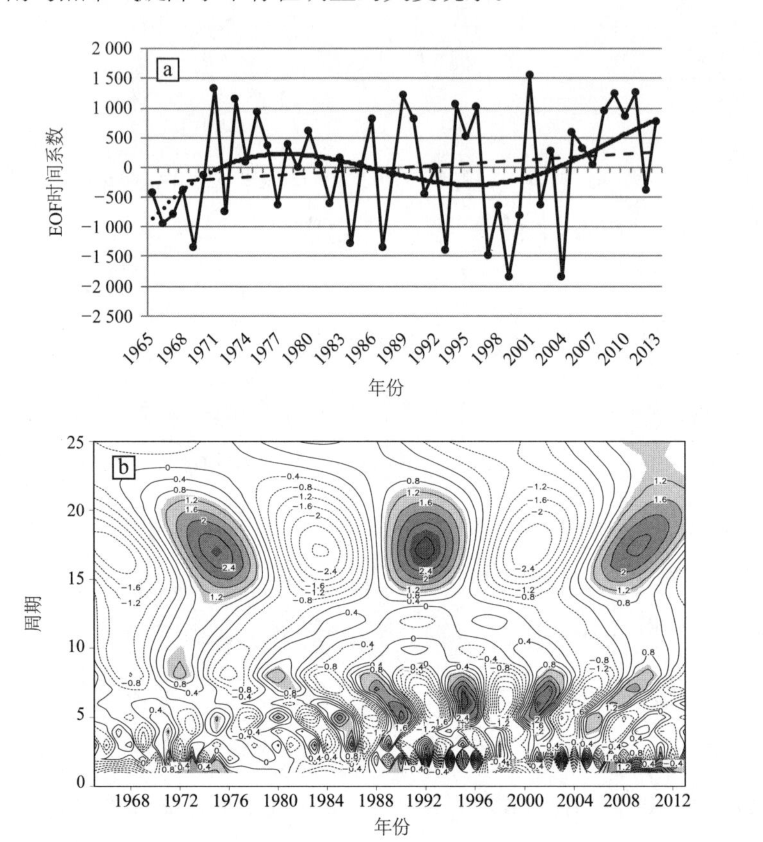

图5-6　海南岛热带气旋降水EOF分析第一主分量的时间系数（a）及其小波分析（b）

5.5　结论

（1）海南岛热带气旋降水的地位举足轻重，热带气旋降水平均约占年总降水量的 24.2%，线性趋势不显著。海南岛热带气旋降水和年总降水相关性显著，年总降水显著偏少的年份，热带气旋降水偏少；热带气旋降水显著偏多的年份，年总降水量偏多。

（2）海南岛热带气旋降水变化的空间特征表现为明显的一致性。海南岛热带气旋降水存在2年、3年高频年际变化周期，20世纪70年代前期以前以3年周期为主，20世纪80年代中期以后以2年周期为主；低频的年际变化周期在20世纪80年代以前以8～9年为主，20世纪80年代以后则以准6年为主；年代际变化则以准17年周期为主。

参考文献

[1] 樊琦，梁必骐. 热带气旋灾害经济损失的模糊数学评测 [J]. 气象科学，2000, 20(3):360−366.

[2] 贺海晏，简茂球，宋丽丽，等. 近50年广东登陆热带气旋的若干气候特征 [J]. 气象科学，2003, 23(4):401−409.

[3] 朱永禔，程戴晖. 热带气旋路径动力释用预报的集合预报方案 [J]. 气象科学，2000, 20(3):229−238.

[4] 周霞琼，张秀珍，端义宏. 滞后平均法 (LAF) 在热带气旋路径集合预报中的应用 [J]. 气象科学，2003, 23(4):410−417.

[5] 丁伟钰，陈子通. 利用TRMM资料分析2002年登陆广东的热带气旋降水分布特征 [J]. 应用气象学报，2004, 15(4):436−444.

[6] 林爱兰，万齐林，梁建茵. 登陆华南热带气旋过程降水分析 [J]. 热带气象学报，2003, 19（增刊）:65−73.

[7] 林爱兰，丁伟钰，万齐林，等. 登陆广东热带气旋中尺度降水分布变化特征 [J]. 气象，2004, 30(10):33−37.

[8] 魏清，黄敏辉，黎伟标，等. 登陆广东热带气旋的降水分布和移速变化 [J]. 热带气象学报，2003, 19（增刊）:167−172.

[9] 施能，陈家其，屠其璞. 中国近100年来4个年代际的气候变化特征 [J]. 气象学报，1995, 53(4):431−439.

[10] 符淙斌，王强. 气候突变的定义和检测方法 [J]. 大气科学，1992, 16(4):482−493.

第 6 章　影响夏季西北太平洋台风生成数的敏感性因子

6.1　引言

台风是严重的自然灾害之一。随着社会经济的发展，对台风的月、季尺度短期气候预测的要求越来越高。台风的生成个数预测是台风灾害预测最基本也是重要的一环。影响台风生成数变化的因素很多。陈光华和黄荣辉[1]通过对西北太平洋热带气旋和台风活动的季节、年际和年代际时间尺度变化的研究回顾，指出造成热带气旋和台风活动不同时间尺度变化的主要影响机制有低频振荡[2]、季风槽[3]和西传赤道波动[4]、ENSO[5-6]和QBO[7]现象等，这些系统主要通过改变西北太平洋上空的环流，从而影响到西北太平洋热带气旋活动不同时间尺度变化；另外，他们对西北太平洋暖池热状态对热带气旋活动的影响做了详细的研究，指出暖池次表层海温与生成的台风个数具有显著相关性[8]。林惠娟和张耀存[9]认为西北太平洋暖池（120°—150°E，10°—20°N）和赤道中东太平洋海域（180°—90°W，10°S—5°N）的海表温度也与热带气旋活动有好的相关性（1 月到 6 月），其中前者正相关，后者负相关。张艳霞和钱永甫[10]的研究表明，南亚高压对热带气旋的频次也有一定影响。

尽管如上所述，影响台风生成的环境因子众多，但台风生成最终决定因素来自于台风生成源地的洋面热状况、近地层涡度、高低空风切变和对流层中低层静力不稳定度与湿度。J. F. Royer 等[11]借鉴了 Gray 在[11]在 1975 年提出能代表当时气候状态下热带气旋季节发生频次地理分布的一套标准——Gray 指数，即 SGP（the Seasonal Genesis Parameter，季节生成参数），以三个热力变量（海洋热能、低层大气的相对湿度、湿不稳定度）和三个动力变量（科氏力、垂直风切变、低层相对涡度）为基础。这几个变量均由季节平均的大尺度场计算得来（见 6.2 节）。4 个季节生成数的和就是年生成数。Watterson G 等[12]尝试把 SGP 引入到热带气旋生成数季节和年际变化的分析上来。他们认为，尽管这个指数是为研究气候场而发展起来的，但它应该也潜在着在单个季节代表大范围环流和热力异常对热带气旋生成直接影响的功能。其研究结果指出，在其模拟的 SGP 代表的热带气旋生成数与观测到的热带气旋数在中太平洋、东北太平洋和北大西洋有适宜的相关关系。遗憾的是，其他海洋区域关系并不理想，包括西北太平洋。

我们知道计算 Gray 指数的 6 个物理量确实是影响热带气旋形成的几个最主要的物理量，造成上述差异的原因可能是在不同海域，各变量的影响程度不同。在不同的海域，也许某个或某几个变量的影响程度会相对其他几个变量要大得多。例如，Chiris T 和 Ioannis P[13] 在其研究中指出，大西洋热带气旋活动与 7—9 月热带气旋主要发展区的风切变有强烈的负相关。

那么，SGP 中各变量对西北太平洋台风生成数影响如何，其中的主要因子又是什么？对西北太平洋台风 SGP 各因子进行比较，有利于我们了解西北太平洋台风生成数的敏感因子，从而有利于我们更深入地探寻影响西北太平洋台风生成数的可能机制和提高气候模式对台风生成数的预测能力。

6.2　资料与方法

因 1968 年后不同资料集台风资料差异较小且均一性较好[14]，本章分析时段取 1968—2006 年，所用资料为 JEDAC（Joint Environmental Data Analysis Center）海温资料、NCEP（National Centers for Environmental Program）再分析资料和美国联合台风中心的台风数据资料（JTWC Best Track Data），本章中的热带气旋强度均为热带风暴以上等级（中心风速大于 17.2 m/s）。分析的季节为夏季（7—9 月），该季节是台风最活跃的季节，台风生成数占全年总数的54%；而之所以只取夏季作为研究对象，是因为考虑到季节不同，影响因子季节间有差异，可能导致敏感性因子不同。

Gray（1975）热带气旋季节生成参数（SGP）定义为：

$$SGP = \left(|f| \times I_{\zeta} \times I_{S}\right) \times \left(E \times I_{\theta} \times I_{RH}\right) \quad (6-1)$$

前三项为动力项，分别为：

$f = 2\Omega \cdot \sin\varphi$ 是科氏力参数（φ 为纬度，Ω 为地球角速度），单位：10^{-6}/s。由于该因子只和纬度有关，与台风生成的多寡无关，本章中没有分析。

$I_{\zeta} = \left(\zeta_r \dfrac{f}{|f|}\right) + 5$，其中 ζ_r 指低层925 hPa的相对涡度（涡度因子），单位：10^{-6}/s。

$I_S = \left(|\dfrac{\partial V}{\partial P}| + 3\right)^{-1}$ 是925 hPa和200 hPa水平风垂直切变的倒数（风切变因子），单位：ms/ (s·725 hPa)。

后三项为热力项，分别为：

$E = \int_0^{60} \rho_w c_w (t-26)\,dz$ 是表征海洋热能的测量值（海洋热能因子），定义为从海表至60 m深度，高于26 ℃海温的积分，单位：10^3cal/cm^2（t 为深度 z 处的温度，ρ_w 和 c_w 为海水密度和热容，在这里可认为常量）。

$I_{\theta} = \left(\dfrac{\delta\theta e}{\delta P} + 5\right)$ 表示湿静力稳定度（湿静力稳定度因子），定义为1 000 hPa与500 hPa相当位温 θe 的垂直梯度，单位：K/500 hPa。

$I_{RH} = \mathrm{Max}\left(\dfrac{RH-40}{30}, 1\right)$，其中 RH 指500 hPa和700 hPa间的平均相对湿度。该指数基本上为均一场，本章中没有分析。

6.3 季节台风生成参数各因子的比较

6.3.1 各因子与西北太平洋台风频次的相关性比较

我们首先比较了西北太平洋夏季各因子与台风生成数的相关关系，结果如图6-1所示。由图6-1可见，除涡度因子外，其他因子与西北太平洋夏季台风生成数（North west part of Pacific Sunner Typhoon numbers，WNPSTYN）的相关关系均相当弱，这正是 Watterson 等人的试验在西北太平洋的失败所在，也是 7—9 月台风频次难以预测的原因所在。比较可知，涡度是影响 WNPSTYN 的关键因子。涡度与 WNPSTYN 的显著相关区主要位于西北太平洋（17.5°—27.5°N，130°—160°E）区域，我们把其称为关键区。其相关性为正相关，即关键区涡度正（负）距平，对应于 7—9 月西北太平洋台风生成数多（少）。值得说明的是，各因子与年西北太平洋台风生成数的相关关系与前述 7—9 月台风生成数有显著的不同。除了涡度依然与年台风生成数有很好的相关外，其他因子均与其有明显高的相关区（图略）。其中海洋热能因子尤其明显，30°N 以南，170°E 以西区域的西半部和北半部均为显著的负相关。

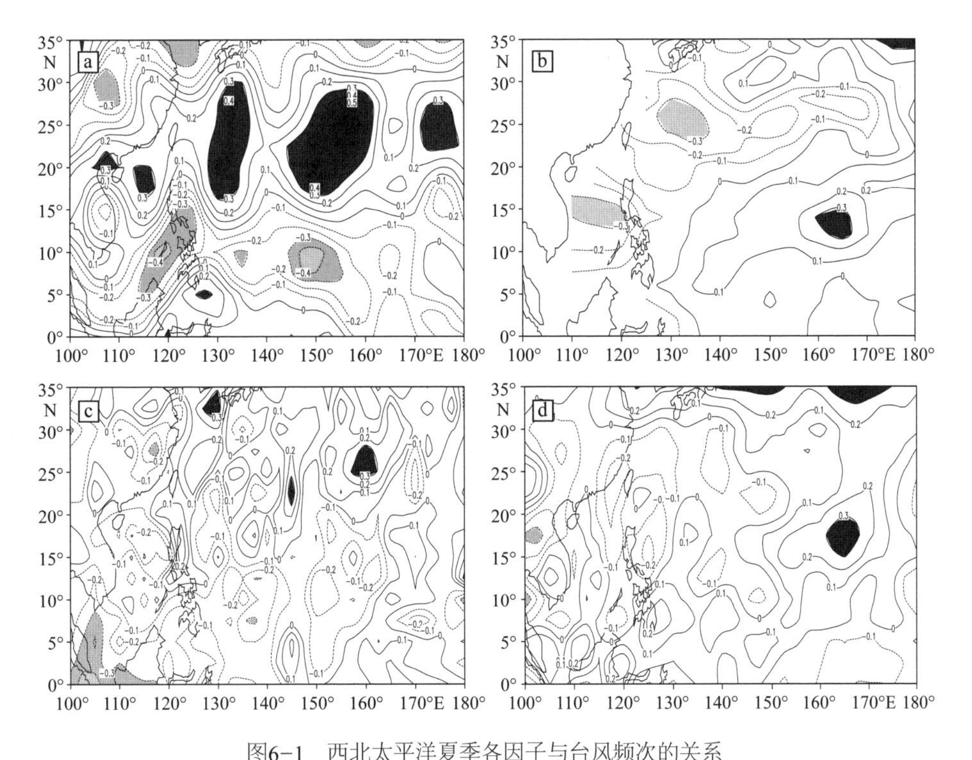

图6-1　西北太平洋夏季各因子与台风频次的关系

（阴影可通过信度95%显著性检验，同样适用于以下的相关分布图；a. 涡度；b. 海洋热能；c. 风切变；d. 湿静力不稳定度）

为了解关键区涡度对 WNPSTYN 的表征能力，我们对 7—9 月关键区 1968—2006 年平均涡度指数与西北太平洋台风生成数序列进行了分析，两序列的年际变化有良好的一致性，二者的相关系数为 0.53，可通过信度 99% 的显著性检验。1983 年前和 1994 年后，这种一致性更为显著；1984—1993 年，二者年际变化的一致性较差。

6.3.2 涡度因子在西北太平洋台风季节生成指数中的突出地位

Gray 的台风季节生成参数是一个复合指数，即各因子指数的乘积。为了比较复合因子与单个因子同 WNPSTYN 之间关系的异同，我们分析了涡度 - 风切变复合因子和涡度 - 风切变 - 海洋热能 - 湿静力不稳定度复合因子和 WNPSTYN 的相关关系，如图 6-2 所示。从图 6-2 中可以看出，夏季涡度 - 风切变复合因子与西北太平洋台风生成数的相关分布和涡度与台风生成数的相关分布非常相似，无论在整体上，还是单个的显著相关区域，都非常一致。涡度、风切变、海洋热能和湿静力不稳定度四因子乘积构成的复合因子，其与夏季台风生成数的相关分布和涡度与台风频次的相关分布整体上也是一致的，但相关程度有所减弱。而其他的复合因子

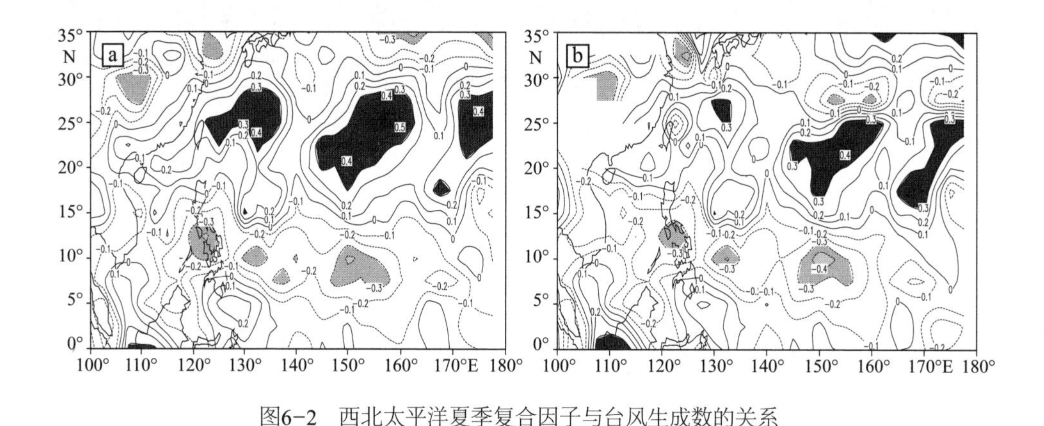

图6-2 西北太平洋夏季复合因子与台风生成数的关系

（a. 涡度-风切变；b. 涡度-风切变-海洋热能-湿静力不稳定度）

与 WNPSTYN 的相关性均比前述两者差。包含涡度在内的复合因子与台风生成数的相关分布同单个涡度因子与台风生成数的相关分布的一致性，进一步说明涡度是夏季影响西北太平洋台风生成数的关键因子。

为了进一步说明涡度因子在西北太平洋台风生成中的重要地位，我们对北半球主要台风生成源地（西北太平洋，中东太平洋和北大西洋低纬区域）各因子的气候态进行比较，分析了 1968—2006 年的各因子平均值的纬向平均，各要素纬向距平分布如图 6-3 所示。由图 6-3 可见，西北太平洋涡度指数比中东太平洋略好，而明显优于北大西洋（图 6-3a），北大西洋大部分地区小于 -10，中东太平洋基本在 -10 ~ 0 之间，西北太平洋 150°E 以东略小于 0，而以西均为正值，南海区域在 10 以上。风切变指数纬向距平分布情形与涡度指数相反，大西洋明显优于西北太平洋和中东太平洋（图 6-3c），大西洋台风生成的源区风切变指数距平大于 0，中东太平洋风切变指数距平小于 0，而西北太平洋风切变指数距平在 0 值附近。关于海洋热能指数和湿静力不稳定度指数距平，西北太平洋和北大西洋的分布基本相似（图 6-3b，6-3d），均为正距平，而中东太平洋区域则为负距平。在热带大气的垂直环流中，中东太平洋为一下沉区。同时，同纬度比较，这里的海水比较冷。因此，湿静力不稳定度和海洋热能（热力因子）对该区台风的生成有极大影响，气候变暖导致该区的台风生成数明显增多[15]。而对西北太平洋和北大西洋夏季台风的生成，湿静力不稳定度和海洋热能条件均能满足，热力因子和湿静力不稳定度对台风生成数的影响显著减弱，动力因子对台风生成数的影响明显占主导地位。Chiris T 和 Ioannis P[13] 的研究指出，北大西洋夏季台风生成数与风切变关系最为密切，这与图 6-3c 中北大西洋风切变指数正距平区（优于西北太平洋）相对应。而在图 6-3a 中，西北太平洋涡度指数优于北大西洋。涡度因子对于西北太平洋，尤如风切变因子对于北大西洋，具有相对富有但并不特别富足的特性。正是这样的特性使涡度因子成为影响西北太平洋夏季台风生成数的敏感性因子。

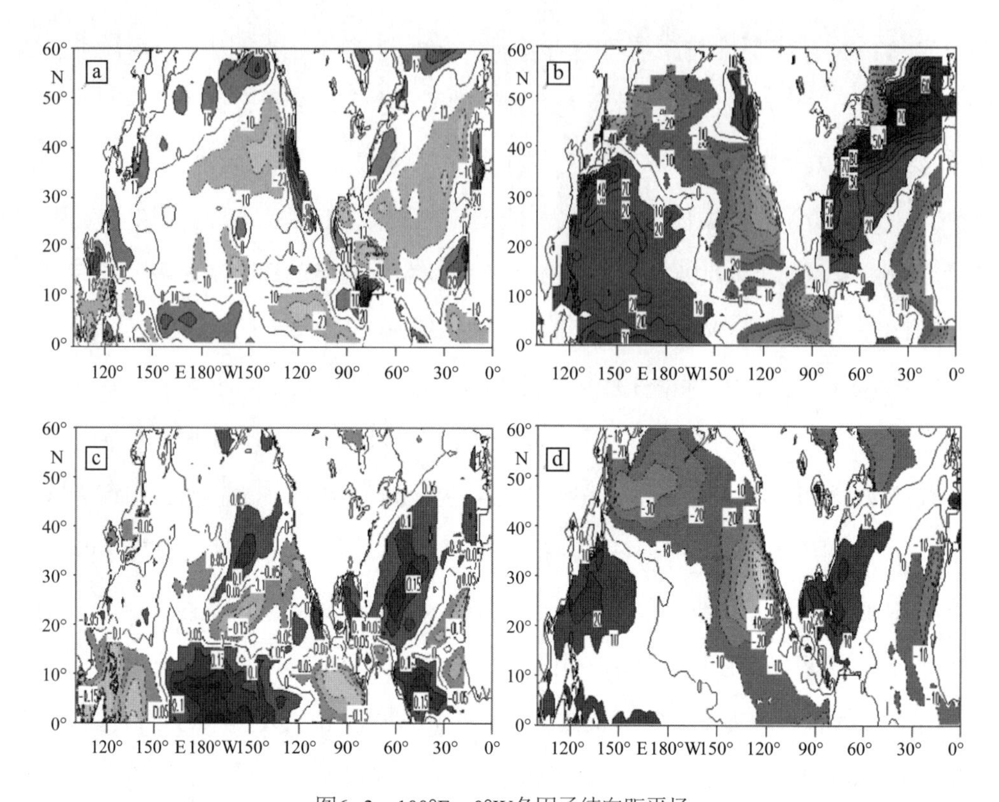

图6-3　100°E—0°W各因子纬向距平场

（a. 涡度；b. 海洋热能；c. 风切变；d. 湿静力不稳定度）

6.4　涡度因子年际变化的源头

前面所述表明WNPSTYN与925 hPa关键区（17.5°—27.5°N，130°—160°E）的涡度显著相关。那么，是什么导致关键区涡度的年际变化？关键区涡度年际变化的源头在哪里？为了解这一问题，我们对涡度场进行了分析。关键区平均涡度与同经度（130°—160°E）平均涡度的相关性在各层的纬向分布如图6-4a所示，与200 hPa涡度的相关性分布如图6-4b所示。由图6-4b可见，在中低层（500 hPa以下），除在两侧有明显的相关区外，更远处与关键区的相关性变得不再显著，可认为源头并非从中低层传播到关键区。涡度因子年际变化很可能来自上层，图中对流层上层与关键区的显著负相关支持了这点（图 6-4b）。并且，在对流层上层，在关键区上空的远处亦有显著的相关区，意味着涡度变化的源头可把异常从该层传递到关键区对流层上层，导致关键区涡度发生变化，从而影响西北太平洋台风的频次。图中还可看出南半球的相关性比北半球更显著，暗示着涡度因子的年际变化可能是受来自南半球的影响。李宪之 [16]、徐亚梅和伍荣生 [17] 的研究指出南半球冷空气活动对夏季西北太平洋台风生成有重要影响，这在某种程度上支持了以上观点。

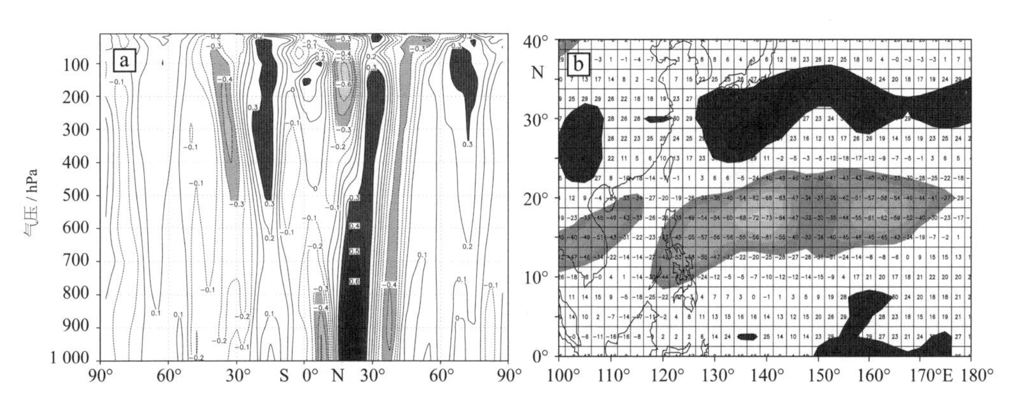

图6-4　925 hPa关键区（130°—160°E，17.5°—27.5°N）平均涡度与同经度平均涡度的相关性在各层经向分布（a）；a中关键区平均涡度与200 hPa涡度的相关性分布（b）（b中数据为格点的相关系数扩大100倍）

为了进一步探寻涡度因子年际变化的来源，在 200 hPa 涡度场选取关键区（140°—165°E，15°—22.5°N）（图 6-4b），求其平均涡度与 200 hPa 涡度场的相关分布（图 6-5）。由图可见，在澳大利亚东部 30°S 以南和以北，150°E—170°W 之间分别有与关键区平均涡度显著的正相关区和负相关区。这与前述的远离关键区的南半球有显著的正负相关区是一致的，澳大利亚东部的显著相关区，是影响夏季西北太平洋台风数的西北太平洋上层涡度年际变化的重要相关区。此外，在热带东太平洋，也有显著的相关区，相关信号略弱于澳大利亚东部，分别表现为赤道东太平洋的负显著相关区和其南侧的正显著相关区。值得注意的是，热带东太平洋南侧的正显著相关区正好位于复活节岛（109°30′W，29°00′S）的上空，与达尔文岛（130°59′E，12°20′S）上正显著相关区（澳大利亚东部）相对应。因此，在热带太平洋东部上空的遥相关区可通过南方涛动与澳大利亚东部的遥相关区联系起来，共同影响西北太平洋上空的涡度变化，进而影响夏季西北太平洋台风生成数。另外，在（130°W，60°S）附近上空还有一片显著相关区（相比澳大利亚东部较弱），与澳大利亚东部向南太平洋中部延伸的显著相关区构成正负相间的列波，由高纬传向低纬，这与王会军和范可[18]用200 hPa对流层上层波列解释南方涛动影响夏季西北太平洋台风生成数的机制是一致的。同时，我们还分析了200 hPa关键区平均涡度与高度场的相关关系（图略）。在500 hPa澳大利亚东部有显著的正相关区，同时，在西北太平洋也有一正相关区。该分布与孙淑清等[19]分析同期（7—9月）澳大利亚东侧（25°—35°S，150°—170°E）平均500 hPa位势高度场的时间序列与同期同层位势高度场相关的空间分布是一致的。后者在该研究中指出，澳大利亚东侧的环流异常和西北太平洋热带气旋活动频数密切相关。以上分析表明影响西北太平洋台风频次变化的涡度因子的年际变化来自南方涛动、南半球澳大利亚东侧的环流异常或南极涛动。

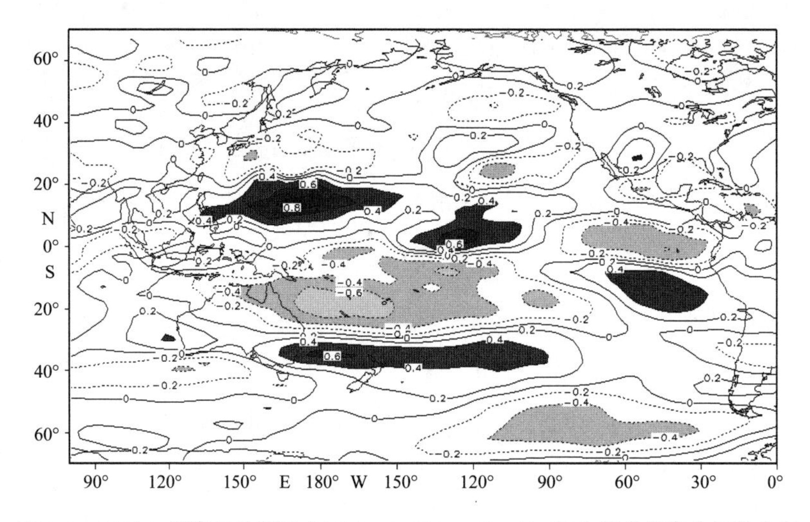

图6-5　200 hPa涡度与关键区（140°—165°E，15°—22.5°N）平均涡度的相关分布

6.5　涡度因子表征 WNPSTYN 变化的优越性

涡度因子表征 WNPSTYN 变化有什么优越性呢？有研究表明，热带纬向风高低层切变与西北太平洋台风生成数显著相关。何敏等[20]将中赤道东太平洋（135°—82°W，7.5°S—7.5°N）与热带西太平洋（102.5°E—170°W，2.5°—17.5°N）两个高相关区（ΔU_{200}—ΔU_{850}）的差异定义为热带太平洋地区高低层纬向风指数。热带气旋活动季节（6—10 月）的热带太平洋地区高低层纬向风指数与西北太平洋热带气旋生成数呈正相关，相关系数达 0.63，显著水平超过 0.001。前面提到，低层关键区的平均涡度与夏季西北太平洋台风生成数的相关系数为 0.53，相关性略弱于高低层纬向风切变指数。但我们在高层（100 hPa）的显著高相关区取关键区，其区域平均涡度与 WNPSTYN 的相关系数可达 −0.62，与该风切变指数相当。

虽然热带高低层纬向风切变与夏季西北太平洋台风生成数的显著相关关系与涡度因子相当，但其物理意义不清晰，即使借助于沃克环流来解释，其物理意义仍然模糊。最主要的原因是其分析的沃克环流或风切变本身均处于 17.5°N 以南的热带地区，而夏季台风生成的主要源区却以 17.5°N 为中心轴线，在 10°—25°N，120°—150°E 的区域高度集中（图 6–6）。图 6–6 给出了夏季台风生成源地散点图及高低层纬向风切变（图 6–6a）和 200 hPa（图 6–6b）、925 hPa（图 6–6c）涡度与西北太平洋台风生成数年际增量[21]的相关分布。由图可见，台风生成源地的集中区与高低层纬向风切变显著相关区（负相关区）不吻合。此外，其北侧还有与台风生成数的显著正相关区，其内的台风生成数也相当可观。与纬向风切变因子不同，涡度因子的显著高相关区与台风生成源地集中区基本一致，特别在低层（图 6–6c）。高相关区与台风生成源地集中区的不一致意味着高低层纬向风切变因子不是影响台风生成的直接因子，其对台风生成的影响依然犹如遥相关，是一种间接的影响。而正如前面 SGP 各因子的比较中所见，涡度因子影响西北太平洋台风生成数有清晰的物理意义，不仅单个的台风生成受涡度的影响，在季节尺度上，涡度因子也决定西北太平洋台风生成数的变化。另外，值得注意的是，当以年际增量来分析年际变化的相关时，高层涡度（图 6-6b）与台风生成数的关系还优于高低层纬向风切变，而后者仅与低层涡度相当。事实上，高低纬向风切变因子与涡度因子有着内在的联系。高低空的纬向风切变反映的是高层风与低层风的差异，而涡度反映的是纬向风的经向切变和经向风的纬向切变，尤以纬向风的经向切变为主。分析可知，上层涡度和低层涡度分别与台风生成数为反向相关，当我们考虑涡度切变时，那么，它不仅包含了纬向风的垂直切变，而且还考虑了这种垂直切变的经向切变。

以上的对比分析表明，涡度因子指示夏季西北太平洋台风生成数有明显的优越性，它不仅与夏季西北太平洋台风生成数的显著相关，还与影响台风生成数的显著相关因子高低层风切变相当，而且其对台风生成数的影响是直接的，物理意义清晰。

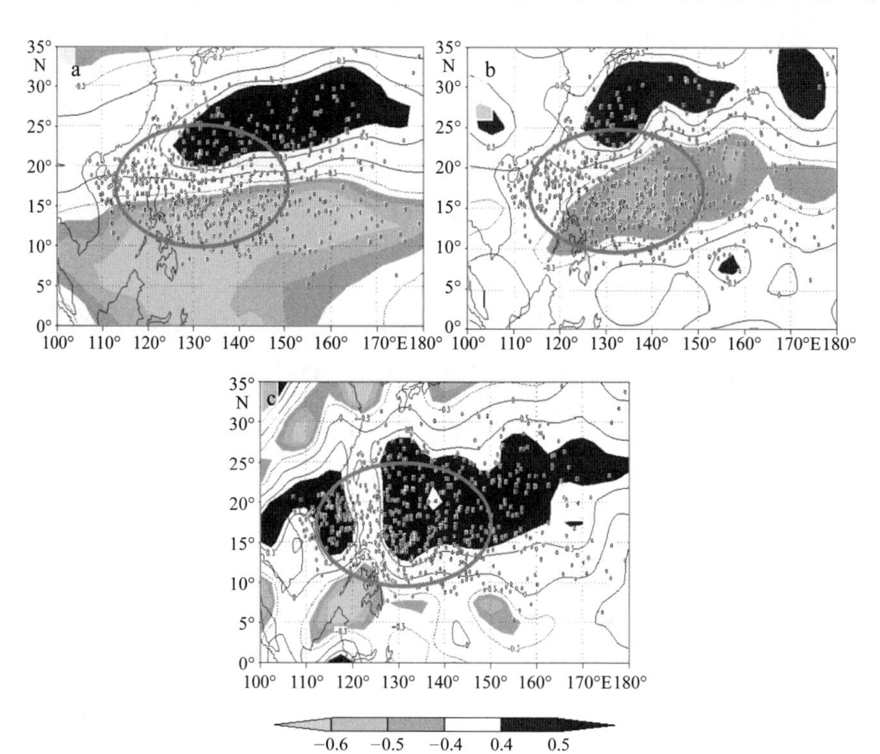

图6-6　1968—2006年西北太平洋夏季台风生成源地分布（小圆点）及夏季台风生成数与高低层纬向风切变（a）、高层（200 hPa）涡度（b）和低层（850 hPa）涡度（c）年际增量的相关分布

6.6 结论

本章比较了台风生成参数中各因子与西北太平洋 7—9 月台风生成数的相关关系以及各因子在北半球台风主要源区的纬向距平分布特征，也分析了关键区涡度因子年际变化的来源及其表征台风生成数变化的优越性，研究发现：

（1）与台风生成参数中其他因子相比，涡度因子与西北太平洋台风生成数的相关关系最好；

（2）涡度因子与其他因子一起构成的复合因子与台风生成数的相关关系弱于单涡度因子与台风生成数的相关关系；

（3）各因子在北半球台风主要源区的纬向比较表明西北太平洋涡度因子占优势；

（4）涡度因子的年际变化来自南半球，与澳大利亚冷空气活动、南极涛动和南方涛动有关；

（5）涡度因子影响台风生成数物理意义清晰，与 WNPSTYN 的显著相关区同台风生成源地的集中区一致，表明夏季西北太平洋台风生成数有明显的优越性。

参考文献

[1] 陈光华，黄荣辉．西北太平洋热带气旋和台风活动若干气候问题的研究 [J]. 地球科学进展，2006, 21(6):610−616.

[2] MADDEN R A, JULIAN P R. Detection of a 40-50 day oscillation in the zonal wind in the tropical Pacific[J]. Journal of Atmospheric Sciences, 1971, 28:702−708.

[3] LI C Y. Actions of summer monsoon troughs(ridges) and tropical cyclones over south Asia and the moving CISK mode[J]. Science in China, 1985, 28:1197−1207.

[4] TAKAYABU Y N, NITTA T. 3-5 day-period disturbances coupled with convection over the tropical Pacific Ocean[J]. Journal of Meteorological Society of Japan, 1993, 71:221−245.

[5] CHAN J C L. Tropical cyclone activity in the northwest Pacific in relation to the El Niño/Southern

Oscillation phenomenon[J]. Monthly Weather Review, 1985, 113:599−606.

[6] CHAN J C L. Tropical cyclone activity over the western North Pacific associated with El Niño and La Niña events[J]. Journal of Climate, 2000, 13:2960−2972.

[7] CHAN J C L. Tropical cyclone activity in the northwest Pacific in relation to the stratospheric quasi-biennial oscillation [J]. Monthly Weather Review, 1995, 123:2567−2571.

[8] 陈光华，黄荣辉 . 西北太平洋暖池热状态对热带气旋活动的影响 [J]. 热带气象学报 , 2006, 22(6):527−532.

[9] 林惠娟 , 张耀存 . 影响我国热带气旋活动的气候特征及其与太平洋海温的关系 [J]. 热带气象学报 , 2004, 20(2):218−224.

[10] 张艳霞 , 钱永甫 . 西北太平洋热带气旋的年际和年代际变化及其与南亚高压的关系 [J]. 应用气象学报 , 2004, 15(1):74−80.

[11] J. F. ROYER, F. CHAUVIN, B. TIMBAL, et al. A GCM study of the impact of greenhouse gas increase on the frequency of occurrence of tropical cyclones[J]. Climatic Change,1998, 38(3):307−343.

[12] WATTERSON G, JENNI L E, BRIAN F R. Seasonal and interannual variability of tropical cyclogenesis: diagnostics from large-scale fields[J]. Journal of Climate, 1995, 8:3052−3066.

[13] CHIRIS T, IOANNIS P. A dynamical approach to seasonal prediction of Atlantic tropical cyclone activity[J]. Weather and Forcasting, 2001, 16:725−734.

[14] 吴胜安 , 孔海江 , 吴慧 . 西北太平洋热带气旋生成数在不同资料集上的差异性比较 [J]. 热带气象学报 , 2009, 25(6):660−666.

[15] CHU P S, JAMES D C. Decadal variations of tropical cyclone activity over the Central North Pacific[J]. Bulletin of the American Meteorological society, 1999, 80(9):1875−1881.

[16] 李宪之 . 台风的研究 . 中国近代科学论著丛刊—气象学 [M]. 北京：科技出版社 , 1955, 119−145.

[17] 徐亚梅 , 伍荣生 . 南半球冷空气入侵与热带气旋的形成 [J]. 气象学报 , 2003, 61(5):540−547.

[18] 王会军，范可 . 西北太平洋台风生成频次与南极涛动的关系 [J]. 科学通报 , 2006, 51(24):2910−2914.

[19] 孙淑清 , 刘舸 , 张庆云 . 南半球环流异常对夏季西太平洋热带气旋生成的影响及其机理 [J].

大气科学，2007, 31(6):1189－1200.

[20] 何敏，龚振淞，徐明，等．高低层纬向风异常与西北太平洋热带气旋生成年频数关系的研究[J]. 热带气象学报，2007, 23(3):277－283.

[21] 范可，王会军，JEAN C Y. 一个长江中下游夏季降水的物理统计预测模型 [J]. 科学通报，2007, 52(24):2900－2905.

第 7 章　中高纬印度洋海温与西北太平洋夏季台风生成数的相关性

7.1　引言

西北太平洋台风生成数不仅与大尺度、行星尺度的大气环流有关，也与海洋热状况有着密切联系[1]。西北太平洋台风生成数与海表温度（SST）的关系是气象工作者十分关心的问题。杨桂山和施雅风[2]分析了 1949—1994 年西北太平洋热带气旋频数与同区域 SST 的相关性，指出在西北太平洋海域，SST 偏高对应热带气旋频数偏多，在 20°N 以北、140°E 以西海域更为明显。吴迪生等[3]分析了西太平洋暖池和南海次表层水温变化对西北太平洋热带气旋的影响，表明当赤道西太平洋暖池次表层水温夏半年持续正（负）距平时，西北太平洋热带气旋个数偏多（少），这种现象极值年份尤其明显。潘怡航[4]于 1982 年研究了赤道东太平洋海温与西太平洋台风发生频率之间的关系，结果发现，两者的变化有相反的趋势，即海温为正（负）距平时，台风次数偏少（多）。董克勤和齐树芬[5]则从迟滞性角度分析了赤道东太平洋海温与西太平洋台风频数年际变化的关系，表明赤道东太平洋海温年际变化与西北太平洋中、西部台风形成频数年际变化的相关性存在明显的时滞现象。台风变化晚于海温变化两个月,存在着最高的负相关（1949—1986 年相关系数 −0.63）；台风晚于海温 17 ～ 18 个月，出现最大正相关（系数达 0.58）。邓自旺等[6]关注了海温与中国登陆热带气旋的关系；Chan 和 Liu[7]关注过全球变暖后海温对热带气旋的影响。以上研究关心的区域几乎都局限在台风生成源地或赤道东太平洋，而很少关注其他海域。但是，我们知道，夏季台风活动与南半球的冷空气有关，也与南方涛动有关，而海洋一般被认为是大气活动异常的外强迫源，那么，西北太平洋台风活动是否与南半球的海温异常也有关呢？因此，分析其他海域的 WNPTYF 是非常有意义的。

7.2　资料与方法

7.2.1　资料

本研究所用资料包括：

（1）美国国家环境预报中心 / 大气研究中心（NCEP/NCAR）的再分析资料[8]，水平分辨率为 2.5° × 2.5°。

（2）美国国家海洋和大气局（NOAA）提供的海表温度资料[9]，水平分辨率为 2° × 2°。

（3）美国联合台风监测中心（JTWC）的西北太平洋热带气旋资料。热带气旋按照最大风速标准一般可分为热带低压、热带风暴和台风。

本研究所讨论的热带气旋只包括热带风暴和台风。研究所取时间长度为 1968—2006 年，夏季台风生成数包括 6—9 月的台风数。夏季特指北半球 6—9 月，相应前期则指 1—4 月。

7.2.2　方法

本研究所用方法包括：

（1）偏相关方法

通常所求的相关系数为简单相关系数，是刻画变量之间线性程度的量，很多情况下人们利用相关系数的大小来解释变量间相互的联系大小。但相关系数只表明两个变量的共变联系，在实际应用中不能只根据相关系数盲目推断变量间内在的联系，在研究时，要同时考察这种相关性是否由其他变量的变化引起。偏相关关系则是在扣除或固定某两个变量以外的其他变量对它们的影响以后，这两个变量之间的相关关系，它反映了事物间的本质联系。描述这种关系的强度指标为偏相关系数，绝对值越大，偏相关程度越大[10]。由于偏相关系数反映的是排除其他变量的影响后，自变量与因变量之间的相关程度，故偏相关系数的绝对值大小也常用于表示各变量的相对重要性。无论气象科学上还是在社会科学上，与相关分析一样，偏相关分析都被广泛应用[11-12]。

考虑变量间存在一个共同影响的系数称为一阶偏相关系数（或一阶系数）。本章分析所用的偏相关系数均为一阶偏相关系数，可用简单相关系数来计算，计算公式为：

$$r_{12,3}=\frac{r_{12}-r_{13}\times r_{23}}{\sqrt{\left(1-r_{13}^{2}\right)\left(1-r_{23}^{2}\right)}} \tag{7-1}$$

式（7-1）所求的是排除因子 Z 的影响后所得因子 X 与因子 Y 的相关关系。r_{12} 为因子 X 与因子 Y 的相关系数，r_{13} 为因子 X 与因子 Z 的相关系数，r_{23} 为因子 Y 与因子 Z 的相关系数，$r_{12,3}$ 为因子 X、Y 相对因子 Z 的偏相关系数。

（2）排除强 ENSO 的影响

ENSO 是已知最强的年际尺度气候信号，对全球的气候异常具有非常重要的影响。西北太平洋的台风活动不可避免地也会受到影响。不仅台风活动强度，生成位置受到影响[13]，台风生成数也会直接或间接地受其影响。为了排除或削减其干扰,采用从序列中排除强 ENSO 年后再分析的方法。我们在序列中扣除了 1972 年、1973 年、1974 年、1983 年、1988 年、1989 年、1992 年、1997 年、1998 年这 9 个强 ENSO 年[14]。这种扣除强 ENSO 信号年的方法可与上述偏相关方法相互佐证，检验因子相对于 ENSO 的独立性。

（3）年际增量方法

短期气候预测业务是以月、季或年尺度从当前时刻预测下一时刻气候要素的变化情况，这意味着我们可以充分利用当前时刻的信息。当前时刻不仅包含了距平信息，往往还包含有各种周期和长期趋势的信息。如果我们预测下一时刻相对当前时刻的增量便可充分利用这些信息，从而减少预测误差。范可等 [15] 利用预测年际增量的方法和基于此建立的物理统计模型，显著提高了长江中下游夏季降水的预测技巧，预示着该方法有潜在的应用意义。王会军等 [16] 从数学物理的角度，从理论上分析了本方法的意义及效果。本章所涉及到的年际增量序列由下面公式（7−2）。

$$X_i = x_i - x_{i-1} \tag{7-2}$$

其中，X_i 为新序列，x_i 为原数据序列。

7.3　结果分析

7.3.1　相关关系的独立性

图 7−1 给出的是 6—9 月 WNPTYF 与前期（1—4 月）全球海表温度（SST）年际变化的相关系数分布，阴影部分为通过 98% 信度检验区。由图可见，西北太平洋台风主要源区 SST 与 WNPTYF 的相关信号不明显，在较高纬度有弱的负相关区；在南海和孟加拉湾海域，以及东太平洋有负的显著相关区，这些显著相关区基本上分布在赤道附近。除此之外，在南印度洋中高纬度区域也有一片负的显著相关区，通过显著性检验的区域范围宽广，这是该相关系数分布图上非常重要的特征。

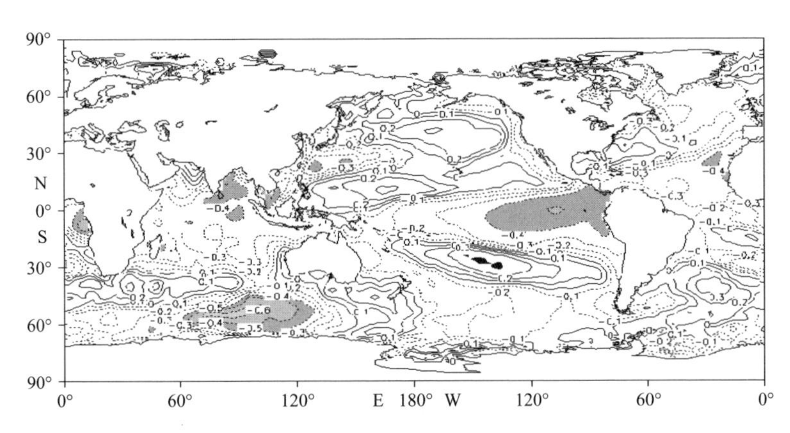

图7−1　6—9月WNPTYF与前期（1—4月）SST年际变化的相关系数分布
（阴影部分通过98%信度检验，下同）

那么，中高纬印度洋的显著相关区是否与东太平洋海温（或ENSO）有关？我们用偏相关分析来给出答案。首先，分别求取东太平洋显著相关区与南极洲附近南印度洋显著相关区的参考序列，为计算方便并不失代表性，东太平洋关键区范围（240°—260°E，4°S—4°N），南极洲附近南印度洋SST关键区范围（90°—116°E，50°—60°S）。然后，分别求取WNPTYF与前期SST相对该两条参考序列的偏相关系数，其结果如图7-2和图7-3。图7-2所示的是WNPTYF与前期全球SST年际变化相对中高纬印度洋显著相关区SST的偏相关系数分布。由图可见，除中高纬印度洋的显著负相关区（参考序列区）消失外，海表温度与台风生成数的偏相关系数分布与相关系数分布基本无差别，即前期东太平洋海表温度与WNPTYF之间的联系与中高纬印度洋的SST无明显关系。图7-3是WNPTYF与前期全球SST年际变化相对东太平洋显著相关区SST的偏相关系数分布。该图特征特别明显，其偏相关系数的显著区域仅存在于南极洲附近的南印度洋，且其显著相关区域的面积大小、系数大小与相关系数图（图7-1）比较均无明显变化。该偏相关系数分布图一方面说明南极洲附近南印度洋SST与WNPTYF的关系相对于东太平洋SST是独立的，另一方面说明，其他区域的SST对WNPTYF的影响与东太平洋SST有关，如孟加拉湾海域、中国东南近海、热带南太平洋。这些海域在前期全球SST与WNPTYF的相关系数分布图上均显示为弱的相关。

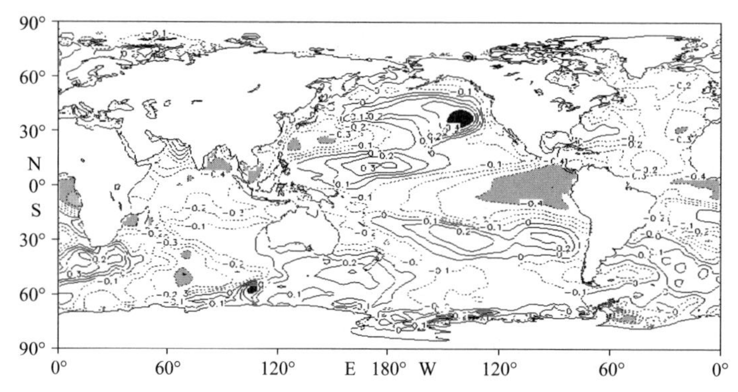

图7-2　6—9月WNPTYF与前期（1—4月）SST年际变化相对中高纬印度洋显著相关区SST的偏相关系数分布

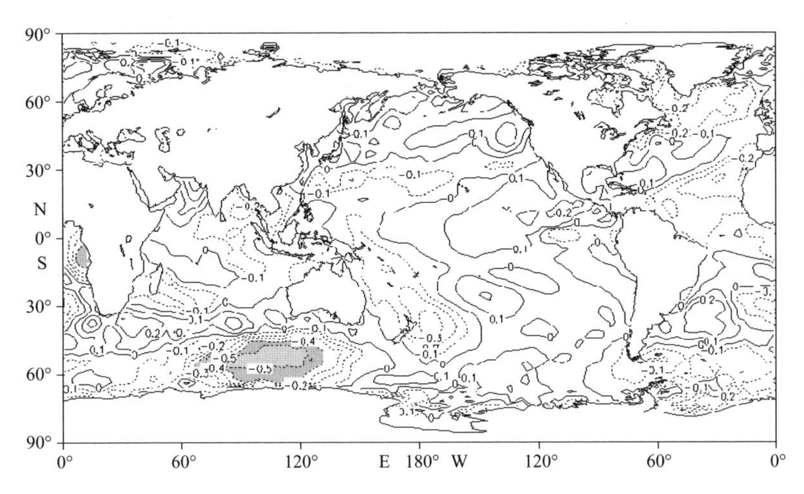

图7-3　6—9月WNPTYF与前期（1—4月）SST年际变化相对东太平洋显著相关区SST的偏相关系数分布

为了更进一步说明南极洲附近南印度洋前期 SST 与 WNPTYF 之间显著相关的独立性，我们去除强 ENSO 信号进行分析，结果如图 7-4。图 7-4 所示的是去除强 ENSO 后 30 年 WNPTYF 与前期 SST 年际变化的相关系数分布。由图 7-4 可见，显著相关区主要分布在南极洲附近的南印度洋，其分布形态与图 7-3 高度一致。这种一致性一方面进一步说明南极洲附近南印度洋前期 SST 对西北太平洋台风生成数的影响是独立于 ENSO 的，即中高纬印度洋前期 SST 对 WNPTYF 的影响是独立的，不受热带东太平洋 SST 的影响；另一方面，也一定程度上说明偏相关分析可以在某种程度上检验两个要素对同一要素相关关系的独立性。此外，还计算了两片关键区的相关系数，仅为 0.20，不能通过信度 90% 的显著性检验。这同样说明了两片海域与 WNPTYF 相互关系的独立性。

以上分析表明，前期 SST 与夏季西北太平洋台风生成数有密切联系，主要显著相关区位于赤道东太平洋和南极洲附近的南印度洋。两片显著相关区域的 SST 与台风生成数的联系是相互独立的，中高纬印度洋 SST 对 WNPTYF 的影响是独立的。

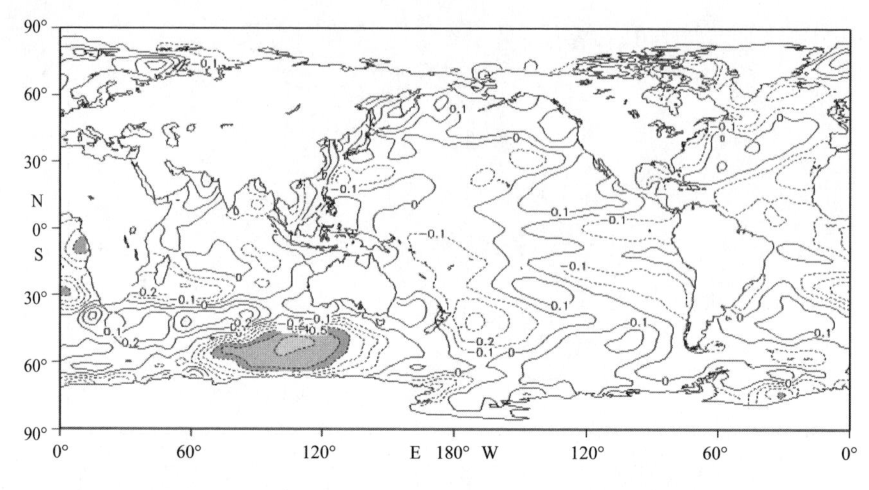

图7-4 去除强ENSO年后30年WNPTYF与前期SST年际变化的相关系数分布

7.3.2 中高纬印度洋海温对 WNPTYF 影响的显著性

前面的分析表明中高纬印度洋 SST 对 WNPTYF 的影响是独立于热带东太平洋的。另外，从统计信度上也可通过 98% 的显著性检验。那么，关键区 SST 对夏季台风生成数的影响是否与热带东太平洋的 SST 影响相当或超过后者的影响呢？只有更深入地了解和研究其影响机理才有现实意义。为此，对照分析中高纬印度洋和热带东太平洋 SST 对 WNPTYF 的影响是有必要的。

前面的相关分析表明，前期中高纬印度洋 SST 与 WNPTYF 的格点相关系数绝对值的最大值超过热带东太平洋 SST，前者为 0.62，后者为 0.50。年际增量的相关性也是如此，前者可达 0.7，后者略高于 0.6。中高纬印度洋关键区的区域平均 SST 序列与同样的台风生成数序列相关系数为 0.53，而热带东太平洋关键区的区域平均 SST 序列与 WNPTYF 的相关系数为 0.51。关键区区域平均温度序列与台风生成数序列的一元回归曲线，中高纬印度洋序列的均方差为 7.43，而热带东太平洋回归序列的均方差为 7.18。中高纬印度洋序列与台风生成数序列的异号率为 12/39，即 31%；而热带东太平洋回归序列与台风生成数序列的异号率为 16/39，即 41%。显然中高纬印度洋 SST 对西北太平洋台风生成数预测有更好的指示性意义。

表 7-1 列出了 1968—2006 年 WNPTYF、前期中高纬印度洋关键区区域平均 SST 和热带东太平洋关键区区域平均 SST 的异常情况和年际增量的异常情况。由表可见，关键区的 SST 变化与台风生成数变化基本反相，前期 SST 偏高时，对应台风生成数偏少；SST 偏低时，对应台风生成数偏多。所考虑的 39 年中，中高纬印度洋关键区有 10 年与台风生成数变化同相，即偏高对应偏多，偏低对应偏少。也就是说用关键区 SST 预测台风生成数变化，在所考虑的 39 年中，可能有 10 年发生错误。这种情形，在热带东太平洋更明显，表中可见同相变化的有 14 年。值得注意的是，两个关键区 SST 一致时，只有两年与台风生成数变化同相，分别为 1999 年和 2006 年，即两个关键区 SST 一致时预测西北太平洋台风生成数正确的概率将显著提高。另外，中高纬南印度洋关键区 SST 与台风生成数同相变化以偏高为主，10 年的同相变化中有 7 年偏高，3 年偏低；而热带东太平洋则以偏低为主，14 年的同相变化中，有 9 年偏低，5 年偏高。

表 7-1 中还可见，关键区 SST 和台风生成数年际增量的同相变化情况要少很多，这是年际增量相关系数明显高于年际变化相关系数的主要原因。1969—2006 年的 38 年中，前期热带东太平洋关键区 SST 与夏季西北太平洋台风生成数年际增量同相变化情形只有 8 年，中高纬印度洋也是如此。显然用关键区 SST 年际增量预测台风生成数年际增量的准确率要提高不少。同样值得注意的是，台风生成数、两个海洋关键区 SST 年际增量三者同相变化的情形也很稀少，38 年中只有 2 年，分别为 1986 年和 1992 年。

尽管考虑了 SST 的年际增量后更有预测意义，但从预测的角度而言，在研究时段中有 13 年的预测可信度很低，因为此时两个关键区的 SST 年际增量不一致。当考虑大气环流因子的影响后，这种不确定性会明显改观。对比郎咸梅和王会军 [17] 的工作可以看出，在这 13 年中，约有 9 年可以用西北太平洋台风源区纬向风垂直切变异常进行准确预报，说明SST的确具有重要作用，但不能忽视大气环流因子的作用。

以上分析表明，中高纬印度洋SST与WNPTYF有显著的相关关系，SST变化对后者变化的指示能力相当或超过热带东太平洋。综合两者的影响预测夏季西北太平洋台风生成数的变化有非常重要的现实意义。

表7-1　1968—2006年WNPTYF、前期关键区SST异常情况和年际增量异常情况

年份	异常情况			年际增量异常情况		
	台风生成数	印度洋	太平洋	台风生成数	印度洋	太平洋
1968	持平	偏低	偏低			
1969	偏少	偏高	偏高	偏少	偏高	偏高
1970	偏多	偏高	持平	偏多	偏低	偏低
1971	偏多	偏低	偏低	偏多	偏低	偏低
1972	偏多	偏高	偏低	偏少	偏高	偏高
1973	持平	偏低	偏高	偏多	偏低	偏低
1974	偏多	偏低	偏低	偏少	偏高	偏高
1975	偏少	偏高	偏低	偏多	偏低	偏低
1976	偏少	持平	偏低	偏少	偏高	偏高
1977	偏少	偏高	偏高	偏多	偏低	偏高
1978	偏多	偏低	偏低	偏多	偏低	偏低
1979	偏少	偏高	偏低	偏少	偏低	偏高
1980	偏少	偏高	偏低	偏少	偏高	偏低
1981	偏多	偏高	偏低	偏多	偏高	偏低
1982	偏多	偏低	偏高	偏少	偏低	偏高
1983	偏少	偏高	偏高	偏多	偏高	偏高
1984	偏少	偏高	偏低	偏少	偏高	偏高

续表

年份	异常情况			年际增量异常情况		
	台风生成数	印度洋	太平洋	台风生成数	印度洋	太平洋
1985	偏多	偏高	偏低	偏多	偏低	偏高
1986	偏少	持平	偏低	偏少	偏低	偏低
1987	持平	偏低	偏高	偏多	偏低	偏低
1988	偏多	偏低	持平	偏少	偏高	偏高
1989	偏多	偏高	偏低	偏多	偏高	偏低
1990	偏多	偏高	偏低	偏少	偏低	偏高
1991	持平	偏高	持平	偏多	偏低	偏低
1992	偏多	偏低	偏高	偏多	偏高	偏高
1993	偏多	偏低	偏高	持平	偏高	偏低
1994	偏多	偏低	偏低	偏少	偏高	偏高
1995	偏少	偏低	偏高	偏多	偏低	偏高
1996	偏多	偏高	偏低	偏少	偏高	偏低
1997	偏多	偏低	偏低	持平	偏低	偏低
1998	偏少	偏高	偏高	偏少	偏高	偏高
1999	偏少	偏低	偏低	偏多	偏低	偏低
2000	持平	偏低	偏低	偏多	偏低	偏低
2001	偏多	偏低	偏高	偏少	偏高	偏高
2002	偏多	偏低	偏低	偏多	偏低	偏低
2003	偏少	偏高	偏高	偏少	偏高	偏高
2004	偏多	偏低	偏高	偏多	偏低	偏低
2005	偏少	偏高	偏低	偏少	偏高	偏高
2006	偏少	偏低	偏低	偏多	偏低	偏低

7.3.3 WNPTYF 对中高纬印度洋 SST 响应的滞后性

众所周知，大气环流的反应是快速的，对 SST 异常的反应也是如此。前面分析显示前期（1—4 月）的 SST 与西北太平洋台风生成数有很好的关系，那么夏季 SST 与西北太平洋夏季（同期）的台风生成数的关系怎样呢？为进一步明确与 WNPTYF 有更多内在联系的是前期的 SST 还是夏季的 SST，对前期 SST、夏季 SST 与 WNPTYF 之间的关系进行相关和偏相关分析，结果如图 7−5 和图 7−6。

图 7−5 所示的是 WNPTYF 与同期（6—9 月）SST 场的相关分布。由图 7−5 可见，夏季 SST 与 WNPTYF 的显著相关区主要分布在热带东太平洋南侧、热带大西洋北侧、高纬度北大西洋及中高纬南印度洋。分布形态与前期 SST 与夏季台风生成数的显著相关区分布有较大差异，显著相关区的面积也有明显缩小，意味着夏季 SST 与 WNPTYF 的相关系数不如前期 SST。图 7−6 所示的是 WNPTYF 与同期 SST 场相对于前期东太平洋显著相关区 SST 的偏相关系数分布。由图 7−6 可见，在排除前期东太平洋 SST 对 WNPTYF 的影响之后，全球夏季 SST 与 WNPTYF 基本上没有可通过显著性检验的相关区，意味着夏季 SST 对西北太平洋台风生成数的影响依赖于前期东太平洋 SST 的异常，即前期 SST 对 WNPTYF 的滞后影响。

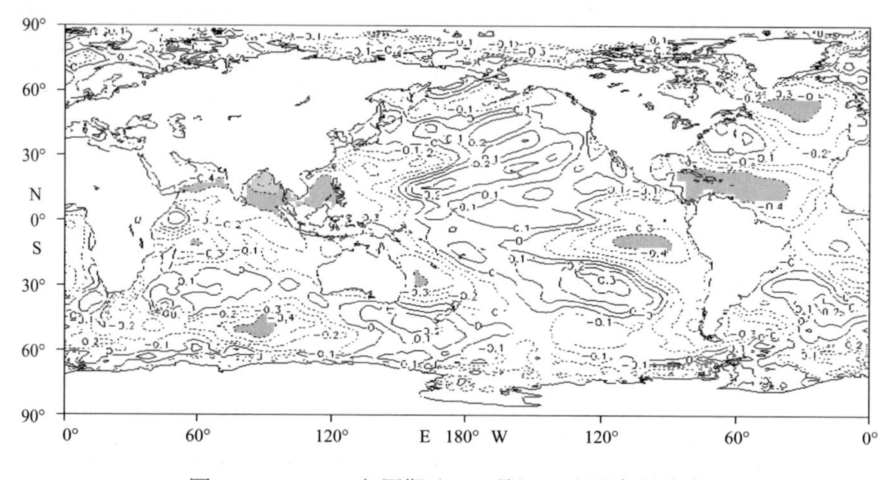

图7−5　WNPTYF与同期（6—9月）SST场的相关分布

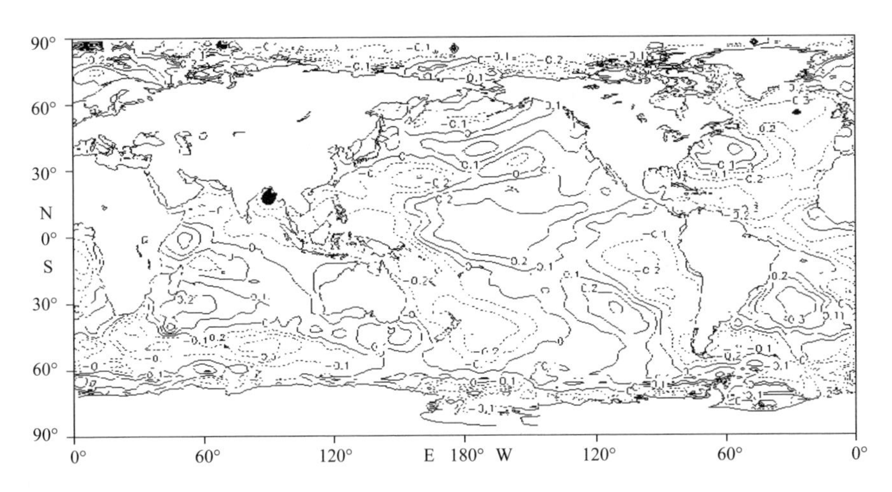

图7-6　WNPTYF与同期SST场相对于前期东太平洋显著相关区SST的偏相关系数分布

为了进一步分析中高纬印度洋 SST 对 WNPTYF 的滞后影响，对该区 SST 与台风源地关键区涡度进行超前、滞后相关分析。相关性在当年 1 月到 12 月呈减弱趋势，自 4 月以后，除 8 月份外，相关系数均通不过信度 90% 的显著性检验，而 1 至 4 月的相关系数绝对值均在 0.35 以上，为负相关，可通过信度 98% 的显著性检验。这说明了中高纬印度洋 SST 对 WNPTYF 有明显的滞后性。

SST 对 WNPTYF 的滞后影响不仅发生在上述海区，在赤道东太平洋上也同样如此。分析 1969—2006 年夏季台风生成数与热带东太平洋 SST 的超前或滞后相关系数分布，同前面分析相似，当年的 1—4 月，相关系数可通过信度 98% 的显著性检验，5 月可通过 90% 的显著性检验（这与高纬南印度洋不同），6 月以后不能通过信度 90% 的显著性检验。

以上分析表明，中高纬印度洋前期 SST 对夏季西北太平洋台风生成数影响表现出一种滞后性，其影响很可能是通过把异常信号传递至大气环流中，通过在大气中的传播进而影响夏季环流，最终影响 WNPTYF 的变化。

7.4 结论

本章从独立性、滞后性和显著性角度分析了 WNPTYF 与前期中高纬印度洋 SST 的关系，主要结论如下：

（1）前期 SST 与夏季西北太平洋台风生成数有密切联系，主要显著相关区位于赤道东太平洋和南极洲附近的南印度洋。两片显著相关区域的 SST 与台风生成数的联系是相互独立的，中高纬印度洋 SST 对 WNPTYF 的影响是独立的。

（2）中高纬印度洋 SST 与 WNPTYF 有显著的相关关系，其变化对后者变化的指示能力相当或超过热带东太平洋。综合两者的影响预测夏季西北太平洋台风生成数的变化有非常重要的现实意义。

（3）中高纬印度洋 SST 对 WNPTYF 有明显的滞后性。前期 SST 对夏季西北太平洋台风生成数影响很可能是异常信号通过在大气中传播而对更远处（如西北太平洋）产生滞后影响，最终影响 WNPTYF 的变化。

参考文献

[1] 陈光华，黄荣辉．西北太平洋暖池热状态对热带气旋活动的影响 [J]. 热带气象学报，2006, 22(6):527−532.

[2] 杨桂山，施雅风．西北太平洋热带气旋频数的变化及与海表温度的相关研究 [J]. 地理学报，1999, 54(1):22−29.

[3] 吴迪生，白毅平，张红梅，等．赤道西太平洋暖池次表层水温变化对热带气旋的影响 [J]. 热带气象学报，2003, 19(3):254−260.

[4] 潘怡航．赤道东太平洋的热力状况对西太平洋台风发生频率的影响 [J]. 气象学报，1982, 40:25−33.

[5] 董克勤，齐树芬．赤道东太平洋海温与西太平洋台风频数年际变化的关系 [J]. 海洋学报，1990, 12(4):506−509.

[6] 邓自旺, 屠其璞, 冯俊茹, 等. 我国登陆台风频率变化与太平洋海表温度场的关系 [J]. 应用气象学报, 1999, 10（增刊）:54−60.

[7] CHAN J C L, LIU K S. Global warming and Western North Pacific typhoon activity from an observational Perspective[J]. Journal of Climate, 2004, 17(23):4590−4602.

[8] KALNAY E, KANAMISTU M, KISTLER R, et al. The NCEP/NCAR 40-year reanalysis project[J]. Bulletin of the American Meteorological Society, 1996, 77:437−471.

[9] SMITH T M, REYNOLDS R W. Improved extended reconstruction of SST(1854-1997)[J]. J Clim, 2004, 17:2466−2477.

[10] 王海燕, 杨方廷, 刘鲁. 标准化系数与偏相关系数的比较与应用 [J]. 数量经济技术经济研究, 2006, (9):150−155.

[11] 严丽坤. 相关系数与偏相关系数在相关分析中的应用 [J]. 云南财贸学院学报, 2003, 19(3):78−80.

[12] UWE R, TIMOTHY J B. Anomaly correlation and alternative:partial correlation[J], 1992, 121: 1269−1271.

[13] CHAN J C L. Tropical cyclone activity over the Western North Pacific associated with El Niño and La Niña Events[J]. Journal of Climate, 2000, 13(15):2960−2972.

[14] 翟盘茂, 江吉喜, 张人禾. ENSO 监测和预测研究 [M]. 北京：气象出版社, 2000:173.

[15] 范可, 林美静, 高煜中. 用年际增量的方法预测华北汛期降水 [J]. 中国科学（D 辑）, 2008, 38(11):1452−1459.

[16] 王会军, 张颖, 郎咸梅. 论短期气候预测的对象问题 [J]. 气候与环境研究, 2010, 15(3): 225−228.

[17] 郎咸梅, 王会军. 利用气候模式能够预测西北太平洋台风活动的气候背景吗 [J]. 科学通报, 2008, 53(15):2392−2399.

第8章　澳大利亚冷空气活动与西北太平洋台风频次的关系分析

8.1　引言

台风作为破坏性极强的灾害性系统，严重威胁国家财产和人民生命的安全；作为重要的降水系统，台风还与南方沿海地区的旱涝[1]有紧密的联系。研究台风生成频次的年际变化规律，是认识台风活动的基础，也是预测影响登陆台风频次的前提，是防灾减灾决策的重要依据。

台风活动有很强的季节性，6—9月是西北太平洋台风活动的主要季节，期间台风生成频次可占年频次的2/3以上。北半球夏季对应南半球冬季，此时，澳大利亚冷空气活动频繁，冷空气受气压场和地转偏向力的支配与东南信风的迫使，越过赤道侵入北半球，可导致台风生成[2-3]。李曾中等[4]认为1998年西北太平洋台风发生数少是因为夏季90°—180°E区间里越赤道气流明显偏弱。刘舸等[5]的研究也表明，2005年7月12日—9月30日130°—135°E的越赤道气流加强并长时间维持是该段时间台风频发的主要原因。但是，何金海和何慎友[6]的研究表明越赤道气流的年际变化与热带气旋的相关关系并不显著。那么，南半球环流异常如何影响西北太平洋台风活动？孙淑清等[7]的研究指出，南半球澳大利亚东侧环流可影响菲律宾以东赤道辐合带对流活动的强弱，导致西北太平洋热带气旋生成频数的多寡差异。然而，其向北半球的传播途径有待进一步的研究。

影响台风生成的直接因子是源区热的洋面海温、低层的涡度、中层湿度、高低空风切变和静力不稳定度[8-9]。Gray利用这些因子提出能代表当时气候状态下热带气旋季节发生频次地理分布的一套标准——Gray 参数[10-11]。吴胜安等[12]较详细地分析了各变量对西北太平洋台风生成频数的影响，发现涡度变量是影响西北太平洋台风生成频次的关键因子。本章正是从这一角度研究澳大利亚冷空气活动怎样影响西北太平洋台风源区的涡度，从而影响西北太平洋台风的频次。

8.2　资料与方法

本章选用的资料包括：（1）中国气象局《台风年鉴》1968—2006 年热带气旋资料。本章中夏季台风生成数指的是资料中 6—9 月[13]进入 100°—180°E，0°—35°N 区域内最大强度可达热带风暴等级（中心最大风速在 17.2 m/s 以上）的热带气旋个数。（2）NCEP/NCAR 月平均再分析资料[14]，包括高度场和风场，其水平分辨率 2.5°×2.5°。

短期气候预测业务是以月、季或年尺度从当前时刻预测下一时刻气候要素的变化情况，这意味着我们可以充分利用当前时刻的信息。当前时刻不仅包含了距平信息，往往还包含有各种周期和长期趋势的信息。如果我们预测下一时刻对当前时刻的增量便可有效地利用这些信息，从而减少预测误差。范可和王会军[15]利用预测年际增量的方法和藉此建立的物理统计模型，显著提高了长江中下游夏季降水的预测技巧，预示着该方法有潜在的应用意义。本章正是应用了这一思路，把每一原始数据序列处理为某一时刻与前一时刻之差后构成的新序列，取得了很好的效果。本章所涉及到的年际增量序列由公式（8-1）求得：

$$X_i = x_i - x_{i-1} \tag{8-1}$$

其中，X_i 为新序列，x_i 为原始数据序列。

8.3 结果分析

8.3.1 台风频次年际变化与涡度场的关系

对 Gray 参数中影响台风生成的各因子进行比较分析后发现，涡度因子是影响西北太平洋台风生成频次变化的关键因子。计算了从地面 1 000 hPa 到高空 50 hPa 各层涡度场与 6—9 月西北太平洋台风频次的相关关系，部分结果如图 8-1 所示。图 8-1 所给出的是 6—9 月西北太平洋台风频次与同期涡度场年际增量变化在 100°—180°E 区间最大（最小）相关系数在各层的分布（图 8-1c）及 925 hPa（图 8-1a）和 200 hPa（图 8-1b）的相关系数空间分布。6—9 月西北太平洋台风频次与涡度场的年际增量变化在台风源区上空低层（925 hPa）存在显著的相关关系（图 8-1a），由图 8-1a 可见，西北太平洋 15°—25°N 大部分区域为显著正相关区，在 15°N 以南和 30°N 以北则存在显著的负相关区。在对流层上层（图 8-1b），西北太平洋台风源区上空的显著相关区同样明显，10°—20°N 为显著的负相关区，20°—30°N 为显著的正相关区。此外，不仅源区邻近的中纬度地区有高的显著相关区，在南半球的中纬度地区，也存在这样的高显著相关区，位于澳大利亚东部，相关系数绝对值超过 0.6，说明西北太平洋台风生成频次的年际变化不仅与源区上空的涡度变化有关，还与南半球澳大利亚东部对流层上层的涡度变化有关，这与孙淑清等 [7] 关于澳大利亚东部环流异常可影响西北太平洋台风生成频次活动的结论是一致的。由涡度场与台风频次年际增量变化相关关系的垂直分布（图 8-1c）可见，显著相关的高值区（相关系数大于 0.6）在低层位于台风源区及邻近地区，而在对流层上层，显著相关的高值区不只局限于源区的邻近区域。这意味着影响西北太平洋台风年际变化的涡度场的变化可能来自对流层上层远离源区的南半球中纬度地区。

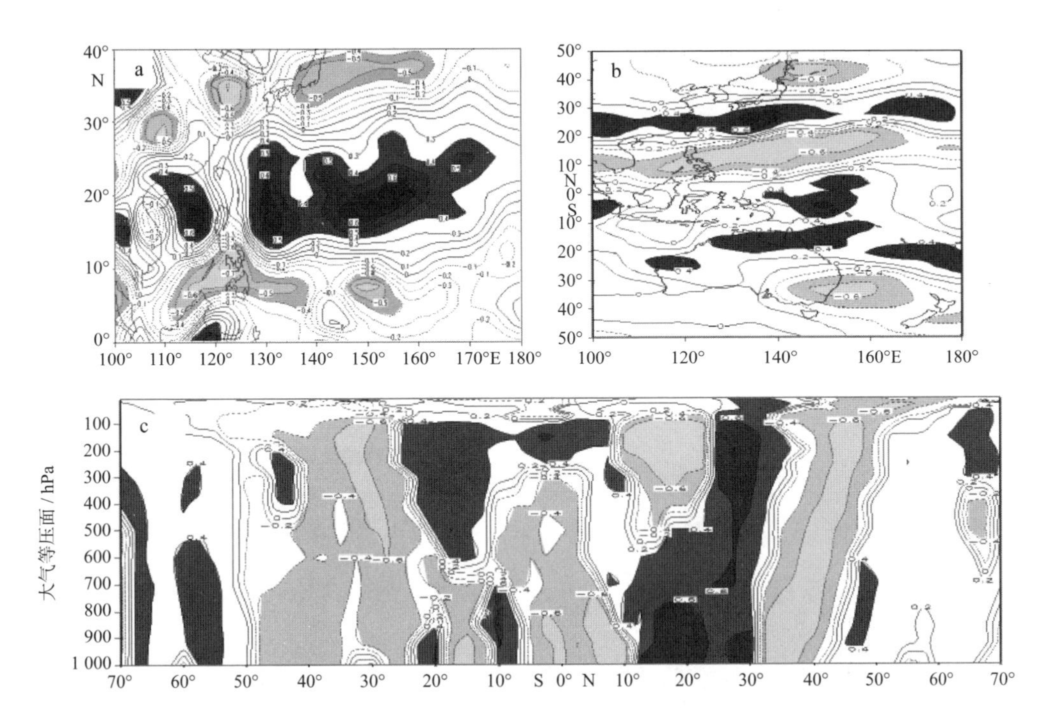

图8-1　6—9月西北太平洋台风生成频次年际增量变化与同期涡度场年际增量变化的相关系数分布

（a. 925 hPa；b. 200 hPa；c. 100°—180°E区间中的最大（正相关时）或最小（负相关时）相关系数的垂直分布）（阴影表示超过信度98%显著水平的区域）

8.3.2　台风频次与风场年际增量变化的关系

前面的分析表明西北太平洋台风频次与涡度场间的年际增量变化关系紧密，而涡度场的变化与风场的变化密切相关。那么，西北太平洋台风频次与风场间年际增量变化的关系又是怎样的呢？分析 6—9 月从地面 1 000 hPa 到高空 50 hPa 各层风场（纬向风 u 和经向风 v 分别计算）与西北太平洋台风频次的年际增量相关关系，部分结果如图 8-2 和图 8-3 所示。图 8-2 所示的是 6—9 月 925 hPa（图 8-2a）和 200 hPa（图 8-2b）纬向风与西北太平洋台风频次年际增量变化的相关分布以及在 100°—180°E 区间最大（最小）相关系数在各层的分布（图 8-2c）。由图 8-2a 可见，WNPSTYF 与低层纬向风间年际增量变化有很好的相关性，区域（110°—180°E，

5°—18°N）为显著正相关区，相关系数最大值超过 0.7；区域（110°—170°E，25°—35°N）为显著负相关区，相关系数最小值达 −0.7。由图 8-2b 可见，在 200 hPa 近赤道区域（105°—170°E，15°S—15°N）基本上为一显著的负相关区，相关系数最小值低于 −0.7。从赤道向南北半球的中高纬地区，均存在正负相间的显著相关区。由图 8-2c 可见，显著相关的高值区（相关系数高于 0.6 或低于 −0.6）除在源区上空中低层存在外，近赤道的对流层上层也广泛存在。这意味着赤道附近对流层上层的纬向风可能是外强迫影响西北太平洋 6—9 月台风生成频次年际变化的重要中介。

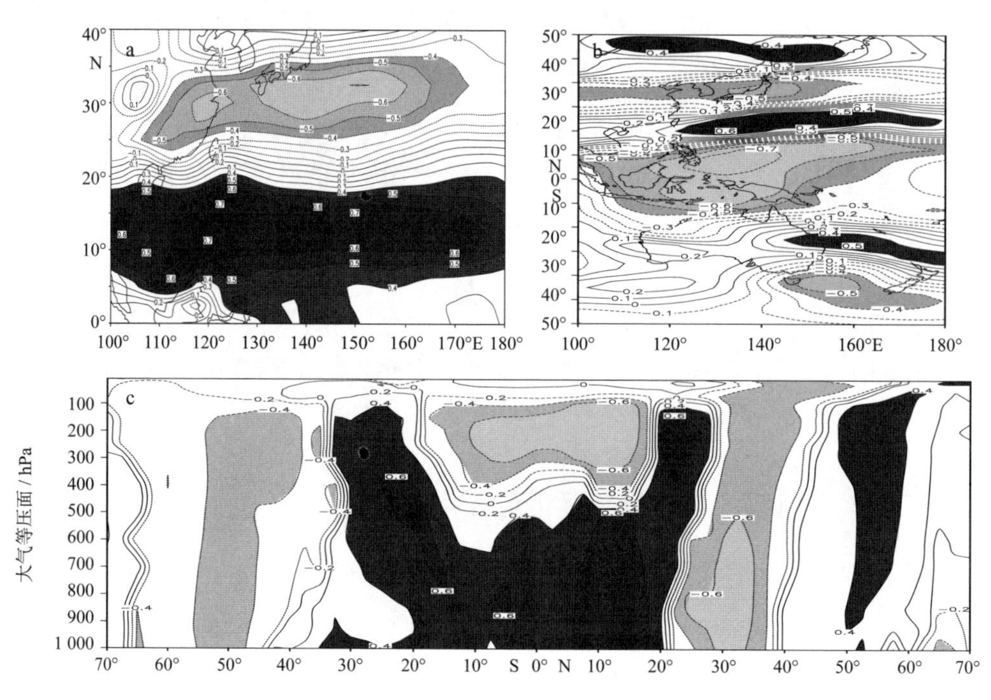

图8-2 6—9月纬向风与西北太平洋台风生成频次年际增量变化的相关系数分布

图 8-3 所示的是 6—9 月 925 hPa（图 8-a）和 200 hPa（图 8-3b）经向风与西北太平洋台风频次年际增量变化的相关分布以及在 100°—180°E 区间最大（最小）相关系数在各层的分布（图 8-3c）。由图 8-3a 可见，WNPSTYF 年际变化与低层经向风年际增量变化同样有很好的相关性，区域（130°—180°E，5°—18°N）基本

为显著正相关区，相关系数最大值超过 0.7；区域（100°—130°E，20°—30°N）为显著负相关区，相关系数最小值为 −0.7。由图 8−3b 可见，200 hPa 近赤道区域（90°—100°E，10°S—10°N）基本上为一显著的负相关区，相关系数最小值低于 −0.6。另外，在南半球澳大利亚西侧的海域上为一显著负相关区，而澳大利亚的东北部及邻近海域则为一显著正相关区，相关系数最大值超过 0.6。需要指出的是，澳大利亚东北部的正相关区为一深厚系统，即显著相关区从近地层向上伸展到对流层顶部（70 hPa），图 8−3c 说明了这点。

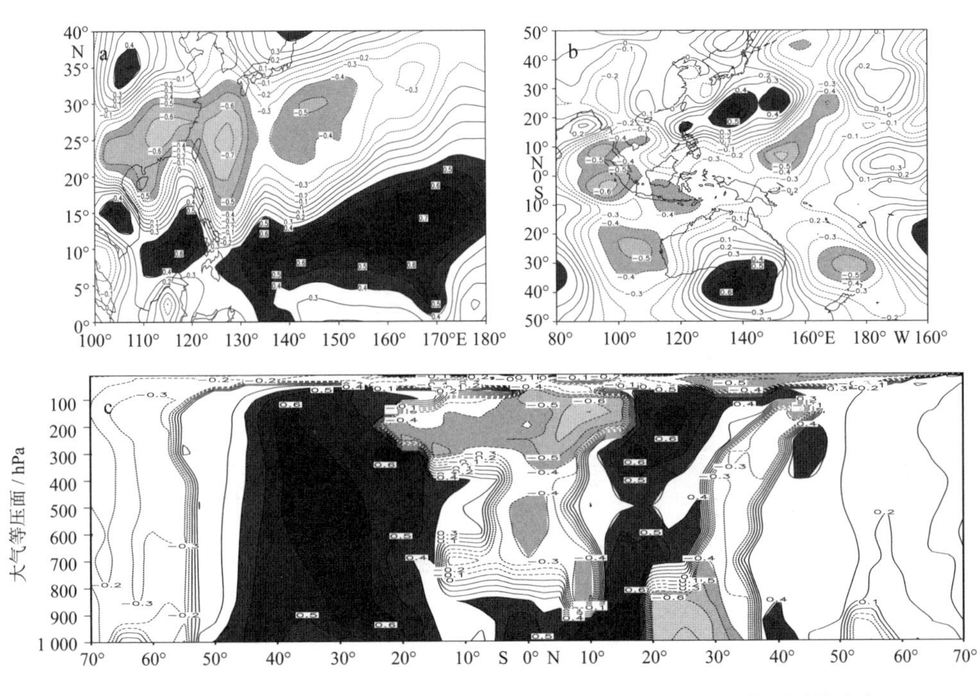

图8−3　6—9月经向风与西北太平洋台风生成频次年际增量变化的相关系数分布

由图 8−3c 可见，显著相关的高值区（相关系数高于 0.6 或低于 −0.6）除在源区上空低层、上层存在外，更引人注目的是南半球 20°—45°S 从低层到对流层顶部显著相关的高值区广泛存在，而所显示的显著相关的高值区正是澳大利亚东北部显著相关区的垂直剖面。澳大利亚东北部的经向风异常反映的是南半球的冷空气活动异常，这意味着南半球的冷空气活动异常可能是影响西北太平洋 6—9 月台风生成频次年际变化的外强迫。

前面分析表明，赤道附近对流层上层的纬向风和澳大利亚东部深厚的经向风年际增量异常可能分别是影响西北太平洋 6—9 月台风频次年际增量变化的重要中介和外强迫。在显著相关区中，选取 200 hPa 区域（130°—140°E，5°—10°N）、500 hPa 区域（130°—140°E，30°—35S）分别作为纬向和经向风关键区。对两个关键区平均经、纬向风和西北太平洋台风频次年际增量标准化曲线进行相关分析，结果（图 8-4）表明，三者有很好的相似性，三者两两间显著相关。台风频次与经向风关键区平均经向风年际增量的相关系数为 0.68，与纬向风关键区平均纬向风年际增量的相关系数为 0.77，经向风关键区平均经向风与纬向风关键区平均纬向风的相关系数为 0.56，三者均可通过信度 99.9% 显著性检验。

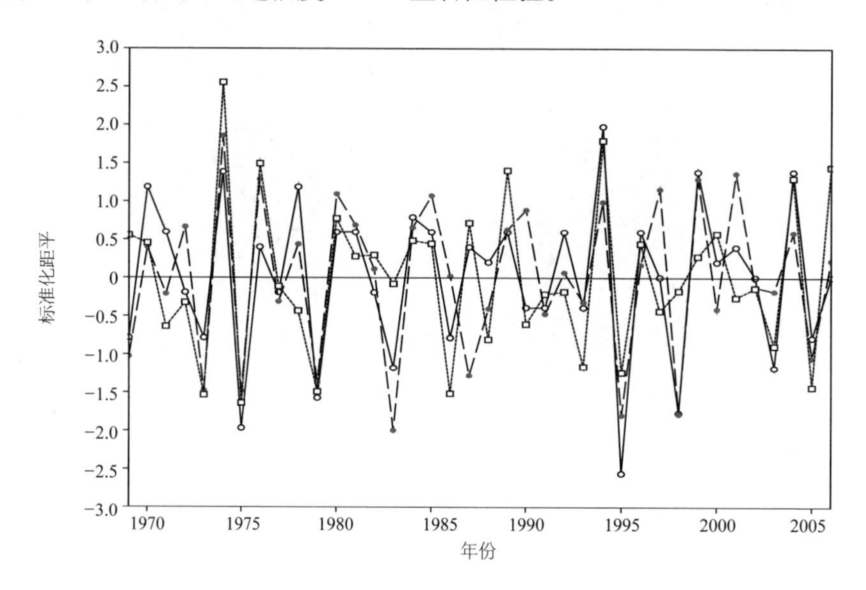

图8-4　6—9月西北太平洋台风生成频次（实线）、赤道附近纬向风关键区平均纬向风（长虚线）和澳大利亚东部经向风关键区平均经向风（短虚线）年际增量变化标准化曲线（赤道附近纬向风关键区：200 hPa，130°—140°E，5°—10°N；澳大利亚东部经向风关键区：500 hPa，130°—140°E，30°—35°S）

8.3.3　澳大利亚冷空气活动影响西北太平洋台风频次的可能机制

前述的相关分析表明，澳大利亚东部的经向风年际增量异常可能通过赤道附近对流层上层纬向风年际增量异常而导致 6—9 月西北太平洋台风频次年际增量变化。但是，这种机理是否真的存在？为此我们对 WNPSTYF 年际增量变化序列进行方差分析，定义年际增量大于或小于 −0.5 倍方差的年份为偏大或偏小年，分析偏大年与偏小年经、纬向风的差异，以说明影响西北太平洋台风生成频次变化的可能机理。

照前述的定义，1969—2006 年，WNPSTYF 年际增量偏大的年份有 1970 年、1971 年、1974 年、1978 年、1980 年、1981 年、1984 年、1985 年、1989 年、1992 年、1994 年、1996 年、1999 年和 2004 年，共 14 年；偏小的年份包括 1969 年、1973 年、1975 年、1979 年、1983 年、1986 年、1995 年、1998 年、2003 年和 2005 年，共 10 年。分析偏大年与偏小年 6—9 月风场年际增量的差异并进行差异显著性比较，结果如图 8−5 所示。

图 8−5 所示的是 6—9 月西北太平洋台风频次年际增量偏大年与偏小年的风场年际增量的差异场，阴影部分表示超过 0.02 显著水平的区域。由图 8−5 可见，在低层，西北太平洋区为一气旋，澳大利亚东南的南太平洋为一反气旋；高层西北太平洋则呈现为反气旋式环流，澳大利亚东南的反气旋式环流依然存在，澳大利亚大陆上空呈现为很清晰的气旋式环流。从通过信度 98% 差异显著性检验的区域来看，图 8−5 所显示出的主要特征首先为台风源区上空纬向风的经向切变和经向风的纬向切变（图中 A 区），其次为高层热带西太平洋上空的宽阔的纬向风（图中 C 区），第三为澳大利亚东部从低层至高层（通过检验的显著区域从 1 000 hPa 至 100 hPa 均存在，图略）深层的经向风（图中 B 区）。偏大年与偏小年风场的显著差异特征与我们前述澳大利亚冷空气活动影响夏季西北太平洋台风生成数的重要中介刚好吻合。也就是说，澳大利亚东部对流层的经向风异常，可能导致热带西太平洋上空对流上层纬向风的异常，从而导致西北太平洋台风源区上空纬向风经向切变和经向风纬向切变的异常，即涡度的异常，从而影响台风频次。

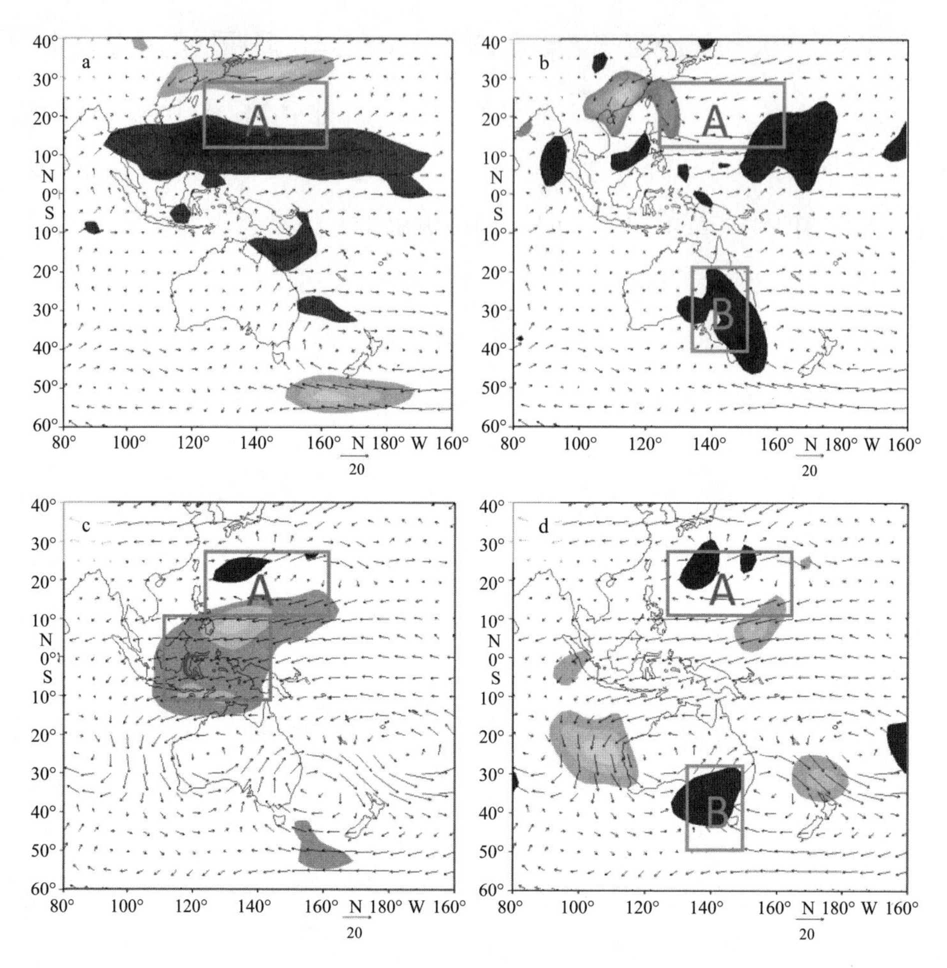

图8-5　6—9月西北太平洋台风频次年际增量偏大年与偏小年的差异风场

［阴影部分表示差异纬向风（左）和经向风（右）超过0.02显著水平的区域，a，b：925 hPa；c，d：200 hPa］

那么，澳大利亚东部对流层的经向风年际增量异常是怎样导致热带西太平洋上空对流层上层纬向风年际增量异常的呢？冷空气在向赤道方向运动过程中，会因受热而上升；另一方面，由于科氏力的作用，南半球气流在运动过程中会向左偏转。也就是说，澳大利亚东部的南风增量在向低纬移动过程中，因受热上升，同时因科氏力向左偏转，导致西太平洋南半球近赤道附近对流层上层出现东风年际增量。一方面，该东风年际增量继续向左偏转，导致近赤道区对流层上层有北风增量出现；

另一方面，中低层经向风从南半球中纬度向赤道的辐合必定导致上层由赤道向中纬度的辐散，近赤道区将出现北风年际增量。对流层上层北风年际增量导致该层赤道地区出现辐散。为补偿这种辐散，并根据赤道上空大气运动的连续和无旋转特性，北半球近赤道区将出现与南半球同向的补偿风，即偏北的东风年际增量。这样，澳大利亚东部的经向风年际增量异常便导致了西北太平洋低纬度地区对流层上层的纬向风年际增量异常。

为对以上的理论分析进行补充说明，在图 8-5 中的 B 区到 C 区过渡区域（120—140°E，10—30°S）取经向 - 垂直剖面进行分析。图 8-6 所示的是西北太平洋台风频次年际增量偏大年与偏小年 120°—140°E 平均经向 - 垂直剖面的经向 - 垂直风场年际增量差异（图 8-6a）和纬向风年际增量差异分布（图 8-6b）。从图 8-6a 中可见，从南向北，经向风递减，至 15°S 以北，向北的经向风分量基本消失；另一方面，整个剖面几乎随处可见向上的运动。从图 8-6b 可见，从南向北，西风逐渐减少，东风逐渐增大，这种变化在上层更为明显。综合水平风与垂直风的变化可知，冷空气在向南运动过程中，一方面不断上升，另一方面，风速经向分量逐渐减少，西风逐渐向东风转换，即不断向左偏转。此外，图 8-5 中上层的纬向异常在热带西太平洋上空表现出的正是偏北的东风异常，这与前面的理论分析一致。

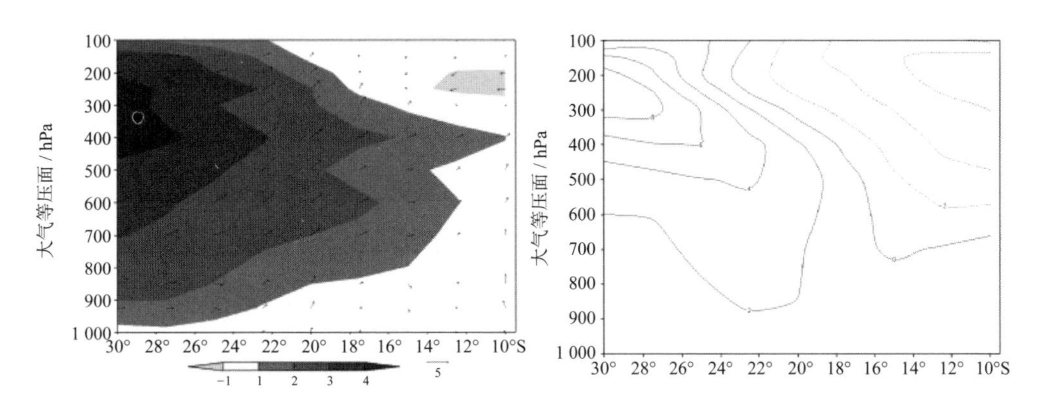

图8-6　西北太平洋台风频次年际增量偏大年与偏小年120°—140°E平均经向-垂直剖面的（a）经向-垂直差异风场和（b）纬向风年际增量差异分布，（a）中阴影表示经向风的大小

8.4 结论

本章研究了6—9月西北太平洋台风频次年际增量与涡度场和风场的相关关系，并讨论了澳大利亚东部经向风（冷空气活动）年际增量异常通过西太平洋近赤道区域对流层上层的纬向风年际增量异常影响西北太平洋台风生成频数年际增量变化的可能机制。研究主要发现：

（1）西北太平洋台风频次的年际增量变化不仅与源区上空的涡度年际增量变化有关，还与南半球澳大利亚东部对流层上层的涡度年际增量变化有关；显著相关的高值区在低层位于台风源区及邻近地区，而在对流层上层，显著相关的高值区不只局限于源区的邻近区域。

（2）WNPSTYF年际增量变化不仅与源区上空低层纬向风年际增量关系密切，与西北太平洋近赤道区域对流层上层纬向风年际增量亦呈显著的负相关。

（3）WNPSTYF年际增量变化不仅与该区上空低层经向风年际增量关系密切，也与澳大利亚东部的经向风年际增量呈显著正相关，且澳大利亚东部的显著正相关区从近地层向上伸展到对流层顶部（70 hPa）。

（4）澳大利亚冷空气活动影响西北太平洋台风生成频次的可能机理是：当澳大利亚东部从对流层低层至上层年际增量出现南风异常时（此时澳大利亚西侧对流层上层有北风异常），冷空气在向低纬移动过程中受热上升，同时因科氏力向左偏转，并在对流层上层向中纬度辐散，导致110°—160°E区间南半球近赤道附近对流层上层纬向风年际增量的偏北的东风异常；由于赤道上对大气运动的无旋转特性及连续性，北半球也出现同向的纬向风年际增量。赤道附近对流层上层纬向风年际增量的东风异常导致纬向风的经向切变产生，使对流层上层出现涡度年际增量的负异常；对流层上层涡度年际增量负异常的抽吸作用导致对流层低层出现涡度正异常，利于台风的生成，导致台风年际增量偏多。反之则反。

参考文献

[1] WU Y J, WU S A, ZHAI P M. The impact of tropical cyclones on Hainan Island's extreme and total precipitation[J]. International Journal of Climatology, 2007, 27:1059−1064.

[2] GEOFF L. Cross-equatorial interactions during tropical cyclogenesis[J]. Monthly Weather Review, 1985, 113:1499−1509.

[3] 李宪之 . 台风的研究 . 中国近代科学论著丛刊——气象学 [M]. 北京：科技出版社 , 1955: 119−145.

[4] 李曾中 , 程明虎 , 杨振斌 , 等 . 1998 年台风与飓风异常成因分析 [J]. 热带气象学报 , 2004, 20(2):161−166.

[5] 刘舸 , 张庆云 , 孙淑清 . 2005 年夏季中国登陆台风的环流特征 [J]. 大气科学 , 2007, 31(5):909−918.

[6] 何金海 , 韩慎友 . 越赤道气流时空变化特征及其与西北太平洋热带气旋发生频数的关系 [C] // 第十三届全国热带气旋科学讨论会论文集 , 中国气象学会 , 2004:1−3.

[7] 孙淑清 , 刘舸 , 张庆云 . 南半球环流异常对夏季西太平洋热带气旋生成的影响及其机理 [J]. 大气科学 , 2007, 31(6):1189−1200.

[8] 丁一汇 . 莱特 E R. 影响西太平洋台风形成的大尺度环流条件 [J]. 海洋学报 , 1983, 5(5):561−574.

[9] 陈联寿 , 丁一汇 . 西太平洋台风概论 [M]. 北京 , 科学出版社 , 1979:109.

[10] GRAY W M. Global view of the origin of tropical disturbances and storms[J]. Monthly Weather Review, 1968, 96(10):669−700.

[11] WATTERSON I G, EANS J L, RYAN B F. Seasonal and interannual variability of tropical cyclogenesis:diagnostics form large-scale fields[J]. Journal of Climate, 1998, 38(3):307−343.

[12] 吴胜安 , 李涛 , 孔海江 . 夏季西北太平洋台风生成数的敏感性因子 [J]. 热带气象学报 , 2011, 27(6):797−804.

[13] 王会军 , 范可 . 西北太平洋台风生成频次与南极涛动的关系 [J]. 科学通报 , 2006, 51(24):2910−2914.

[14] 何浪 , 吴洪宝 , 赵晓川 . 3 种再分析资料基本统计量比较 [J]. 南京气象学院学报 , 2009, 32(1):54−63.

[15] 范可 , 王会军 , JEAN C Y. 一个长江中下游夏季降水的物理统计预测模型 [J]. 科学通报 , 2007, 52(24):2900−2905.

第 9 章　影响海南岛的热带气旋与 MJO 的关系

9.1　引言

热带季节内振荡（Madden-Julian Oscillation，MJO），通常是指近赤道地区向东传播，纬向为一个波数的大气 30 ~ 60 d 的周期振荡现象 [1]。MJO 对流活跃位相时盛行西风异常，随着 MJO 东传，强对流中心从印度洋东移到太平洋最后到大西洋。MJO 信号在许多气象和海洋物理变量中被发现和证实，例如向外长波辐射、降水、对流层高低层的纬向风等。热带大气季节内振荡的动能年际变化最强区域集中在西北太平洋地区 [2]。MJO 和大尺度环流之间存在显著相互作用，在东半球表现最强。由于其时间尺度介于月、季之间，因而与长期天气变化和短期气候异常均有密切关系，不仅强烈影响亚 – 澳夏季风的爆发、全球季风系统强度和降水异常，对赤道外大气环流变化也会产生不可忽视的影响。此外，MJO 还能增强或抑制南大西洋辐合区和南太平洋辐合区的强度和范围 [3]。热带季节内振荡是大尺度环流与对流活动相耦合的振荡，而热带对流是大气的重要热源之一。因此，它对全球的环流变化有决定性的作用 [4]。严欣和琚建华 [5] 在研究中发现，在 MJO 传播过程中，其活动中心并不总是规律地沿赤道东传，会出现东传停滞的情况，表现为 MJO 在赤道太平洋持续异常活跃或者在印度洋持续异常活跃两种形式。MJO 的持续异常会对热带大气环流造成显著的影响。

作为热带大气的强信号，MJO 与热带重要天气系统——热带气旋之间必然有密切关系。Gray 对全球热带气旋活动统计表明，气旋活动在时间和空间上都有明显群发性，即全球范围常可观察到有 5 ~ 15 个热带气旋在 1 ~ 2 周内集中发生，而紧接着 2 ~ 3 周内却几乎没有热带气旋 [6]。热带气旋活动的这种周期变化，使学者们开始关注季节内尺度的变化，比如 MJO 对热带气旋的影响。Nakazawa 在 1986 年指出西太平洋多数气旋易发生在 MJO 对流活跃位相中 [7]。Von 和 Smallengange1991 年研究发现北太平洋热带气旋活动和向外长波辐射密切相关 [8]。Higgin 和 Shi 把 200 hPa 速度势和热带气旋活动联系起来，发现北美季风系统季节内尺度变化第一模态即 MJO[9]。目前有关 MJO 对热带气旋生成的调节作用，针对不同地区的气旋都有一些研究，除了西北太平洋 [10-11]，还有印度洋 [12-13]、澳大利亚附近 [14]、墨西哥湾 [15] 以及东太平洋 [16]，所得到的结论较为一致，都认为热带气旋易生成在大气季节内振荡的对流活跃位相。祝丽娟等 [17] 系统地总结了近年来国内外学者关于 MJO 和 ENSO 对西北太平洋海域热带气旋活动影响和机理方面的研究成果，MJO 和 ENSO 循环不同位相均对应不同的热带气旋活动特征。MJO 调控了热带气旋活动活跃期和抑制期，且对西北太平洋东西部（150°E 为界）气旋影响有差异。西北太平洋上对流活动存在 20 ~ 60 d 的准周期振荡，热带气旋活动也有类似频率的季节内变化，即气旋活动群发性也集中出现在 MJO 对流活跃位相。刘舸等也发现西太平洋上约 2/3 热带气旋发生在 30 ~ 60 d 振荡的对流活跃位相 [18]。此外，MJO 对西北太平洋西部海域气旋活动调控作用显著，对东部不显著。东部气旋多形成于偏向赤道低纬地区，可能受赤道波动影响更大 [19]。西北太平洋上热带气旋源地位置与 MJO 位相及相关对流中心位置都有关 [20]。MJO 对西北太平洋台风的生成有比较明显的调制作用，在 MJO 的活跃期与非活跃期西北太平洋生成台风数的比例为 2 ∶ 1，在 MJO 的不同位相西太平洋地区的动力因子和热源分布形势有极其明显的不同 [21]。当 MJO 对流中心位于西北太平洋上时，气旋频数增多；当 MJO 向东向北传播时，气旋源地就对应存在偶极子式振荡，且随 MJO 对流中心变化而移动。东太平洋情况类似，飓风季节 MJO 西风异常时，TD 扰动即热带气旋源地沿 MJO 相似路径东移，在赤道辐合带内北移 [22]。

7—10 月是海南岛受热带气旋影响的高峰期，该时期影响海南岛的热带气旋频数占全年影响总频数的 2/3 以上，因此，7—10 月热带气旋频数的延伸期预测是预测服务工作的重点和难点。本章主要目的在于分析 MJO 不同位相、强度与 7—10 月影响海南岛的热带气旋活动的关系，为海南省热带气旋的延伸期预测提供参考依据。

9.2 资料与方法

本章主要应用澳大利亚气象局 MJO 指数（1979—2015 年），即 RMM（Real-time Multivariate MJO Index）指数来描述 MJO 的变化特征，该指数是一个实时多变量指数。主要应用 Wheel 和 Hendon[23] 的方法，将热带地区（15°S—15°N）的射出长波辐射（OLR），850 hPa 和 200 hPa 纬向风三个要素作为变量，进行联合 EOF 分析，得到前两个主成分分量；然后将逐日数据映射到主成分分量 EOF1 和 EOF2 上得到映射系数（RMM1 和 RMM2）。该 MJO 指数由 RMM1 和 RMM2 组成，它不仅可以体现 MJO 的振幅（强度）还可以揭示 MJO 的传播过程（对流位置），在业务上已经得到了广泛的应用，也取得了良好的效果。

本章所用再分析资料为 NCEP/NCAR 全球再分析格式资料。

本章的时次率指的是海南岛指定防御范围（见海南省台风防御相关规范）内 MJO 某一位相和强度状态下所有日子里热带气旋活动的时次数，在以上台风资料中，每一时次表示的活动时间为 6 h。

9.3 MJO 与海南岛热带气旋活动的关系

表 9-1 列出了 7 月 MJO 不同强度、位相影响海南岛的热带气旋的活动时次率。从 7 月的热带气旋活动时频次来看，与 6 月相比，7 月热带气旋活动进一步增多，

MJO 不同强度、位相状态下热带气旋活动的差异再次拉大。

该月影响海南岛的热带气旋更易出现在强的第 3 位相、第 6 位相和弱的第 4 位相，其次是弱的第 8 位相、第 7 位相、第 4 位相；强的第 7 位相、第 8 位相基本不出现热带气旋。影响海南岛的台风较易出现在强的第 3 位相和弱的第 5 位相，其次是强的第 2 位相、第 6 位相和弱的第 4 位相、第 3 位相。影响海南岛的强台风更易出现在第 5 位相和第 3 位相。

表 9-1　7 月 MJO 不同强度、位相影响海南岛的热带气旋活动日均时次（时次 /d）

位相	1		2		3		4		5		6		7		8	
强度	弱	强	弱	强	弱	强	弱	强	弱	强	弱	强	弱	强	弱	强
TS+	0.05	0.07	0.09	0.2	0.18	0.42	0.42	0.3	0.27	0.1	0.22	0.42	0.33	0.01	0.37	0
TY+	0	0.03	0.04	0.09	0.06	0.15	0.08	0	0.15	0.04	0.01	0.08	0	0	0.05	0
STY+	0	0	0	0	0.05	0.05	0.01	0	0.08	0.03	0.01	0	0	0	0.02	0

注：表中 TS+ 表示影响海南岛的 8 级以上 TC（本书称为热带气旋），TY+ 表示影响海南岛的 12 级以上 TC（本书称为台风），STY+ 表示影响海南岛的 14 级以上 TC（本书称为强台风）。下同。

表 9-2 列出 8 月 MJO 不同强度、位相影响海南岛的热带气旋的活动日均时次。从 8 月的热带气旋活动日均时次来看，与 7 月不同，8 月热带气旋活动在 MJO 不同强度位相状态下的差异缩小，不活跃的位相变少。

表 9-2　8 月 MJO 不同强度、位相影响海南岛的热带气旋活动日均时次（时次 /d）

位相	1		2		3		4		5		6		7		8	
强度	弱	强	弱	强	弱	强	弱	强	弱	强	弱	强	弱	强	弱	强
TS+	0.16	0.07	0.16	0.08	0.31	0.38	0.33	0.29	0.14	0.33	0.16	0.19	0.39	0.07	0.2	0
TY+	0.05	0.03	0.02	0.01	0.04	0.18	0.1	0.17	0	0.07	0.02	0.02	0.03	0.07	0.04	0
STY+	0	0	0	0	0	0.11	0	0	0	0.01	0	0	0.03	0	0.03	0

8 月影响海南岛的热带气旋更易出现在弱的第 7 位相，第 3 位相、第 4 位相，以及强的第 5 位相；强的第 8 位相、第 1 位相、第 2 位相不利于热带气旋活动。影响海南岛的台风较易出现在强的第 3 位相、第 4 位相、第 7 位相，弱的第 5 位相和强的第 8 位相没有出现过台风活动。影响海南岛的强台风更易出现在强的第 3 位相，弱的第 7 位相、第 8 位相和强的第 5 位相偶有强台风活动，其他位相状态基本不出现。

表 9-3 列出 9 月 MJO 不同强度、位相影响海南岛的热带气旋的活动日均时次。从 9 月的热带气旋活动日均时次来看，与 8 月不同，9 月热带气旋活动在 MJO 不同强度、位相状态下的差异再次拉大。

表 9-3　9 月 MJO 不同强度、位相影响海南岛的热带气旋活动日均时次（时次 /d）

位相	1		2		3		4		5		6		7		8	
强度	弱	强	弱	强	弱	强	弱	强	弱	强	弱	强	弱	强	弱	强
TS+	0.26	0.05	0.11	0.11	0.24	0.33	0.31	0.15	0.38	0.39	0.08	0.56	0.61	0.52	0.26	0.3
TY+	0.06	0	0.11	0	0.06	0.09	0.09	0	0	0.17	0	0.11	0.35	0.12	0.19	0.1
STY+	0.02	0	0	0	0	0	0	0	0	0.09	0	0.01	0	0	0.09	0

9 月影响海南岛的热带气旋更易出现在第 7 位相、第 5 位相和强的第 6 位相；第 2 位相、第 1 位相、第 8 位相和弱的第 6 位相不利于热带气旋活动。影响海南岛的台风较易出现在弱的第 7 位相、第 8 位相和强的第 5 位相，而强的第 1 位相、第 2 位相、第 4 相位和弱的第 5 位相、第 6 位相基本不出现台风活动。影响海南岛的强台风更易出现在强的第 5 位相和弱的第 8 位相，而弱的第 1 位相和强的第 6 位相偶有出现，其他位相基本不出现。

表 9-4 列出 10 月 MJO 不同强度、位相影响海南岛的热带气旋的活动日均时次。从 10 月的热带气旋活动日均时次来看，与 9 月比较，10 月热带气旋活动在 MJO 不同强度、位相状态下的差异变小，不活跃的位相状态变少。

10 月影响海南岛的热带气旋更易出现在第 7 位相和弱的第 6 位相；第 1 位相、

第 8 位相和强的第 2 位相、第 6 位相不利于热带气旋活动。影响海南岛的台风较易出现在弱的第 6 位相，其次是弱的第 3 位相和强的第 4 位相，第 1 位相、第 8 位相和强的第 6 位相基本不出现台风活动。影响海南岛的强台风更易出现在弱的第 3 位相、第 6 位相、第 7 位相、第 4 位相，其他位相基本不出现。

表 9-4　10 月 MJO 不同强度、位相影响海南岛的热带气旋活动日均时次（时次 /d）

位相	1		2		3		4		5		6		7		8	
强度	弱	强	弱	强	弱	强	弱	强	弱	强	弱	强	弱	强	弱	强
TS+	0.07	0	0.19	0.05	0.33	0.14	0.14	0.22	0.14	0.2	0.43	0.06	0.41	0.39	0.13	0
TY+	0	0	0.07	0.03	0.21	0.02	0.06	0.17	0.08	0.06	0.24	0	0.13	0.09	0	0
STY+	0	0	0.03	0	0.07	0	0	0	0	0	0.04	0	0.04	0	0	0

9.4　成因分析

从上节的分析可见，7 月和 8 月热带气旋活跃期和沉寂期对应的 MJO 位相、强度状态有较好的一致性（强的第 3 位相、第 6 位相和弱的第 4 位相影响海南岛的热带气旋明显活跃，强的第 1 位相、第 2 位相、第 8 位相时则明显不活跃），而 9 月和 10 月热带气旋活跃期和沉寂期对应的 MJO 位相、强度则与 7、8 月份不同，表现为第 7 位相时影响海南岛的热带气旋明显活跃，第 1 位相时则明显不活跃，因此可以把台风活动期分两段来进行分析，分别为 7—8 月和 9—10 月。

图 9-1 所示的是 1979—2015 年 7—8 月 MJO 处于强的第 3 位相、第 6 位相和弱的第 4 位相时对应的 200 hPa 风场（图 9-1a）、850 hPa 风场（图 9-1b）和 500 hPa 高度场（图 9-1c）的距平场合成图。由图 9-1 可见，当 MJO 处于强的第 3 位相、第 6 位相或弱的第 4 位相时，南海上空高层为明显的辐散式异常环流，低层为闭合的气旋式异常环流，中心位于南海中部偏北，中层高度场异常表现为闭合低值中心。此种异常环流形式明显有利于热带气旋影响海南岛。

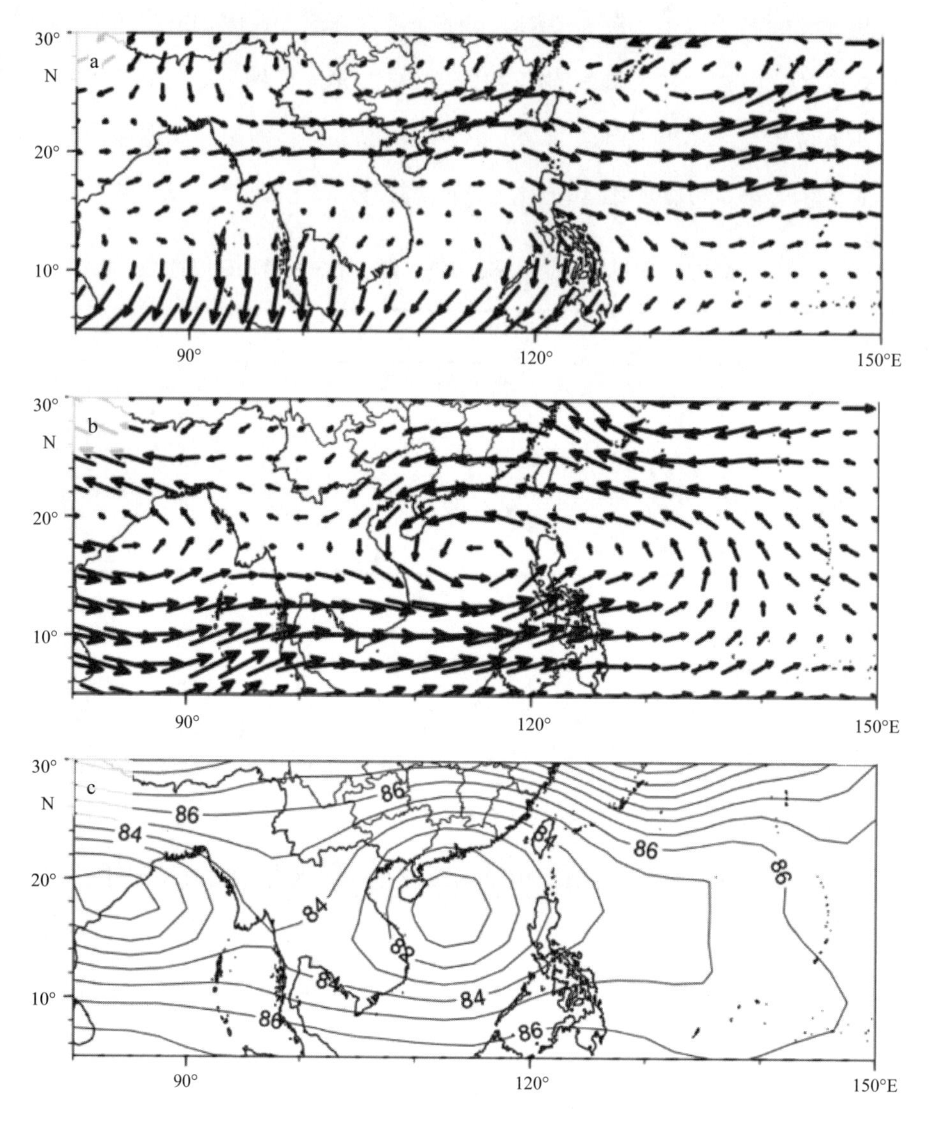

图9-1　1979—2015年7—8月MJO处于强的第3、第6位相和弱的第4位相时对应的［200 hPa风场（a），850 hPa风场（b）和500 hPa高度场（c）距平场合成图］

图 9-2 所示的是 1979—2015 年 7—8 月 MJO 处于强的第 1 位相、第 2 位相、第 8 位相时对应的 200 hPa 风场（图 9-2a）、850 hPa 风场（图 9-2b）和 500 hPa 高度场（图 9-2c）的距平场合成图。图 9-2 中可见，当 MJO 处于强的第 1 位相、

第 2 位相、第 8 位相时，南海上空高层为明显的辐合式异常环流，低层为闭合的反气旋式异常环流，中心也位于南海中部偏北，中层高度场异常表现为闭合高值中心。此种异常环流形式与上述强的第 3 位相、第 6 位相和弱的第 4 位相时正好相反，不利于热带气旋影响海南岛。

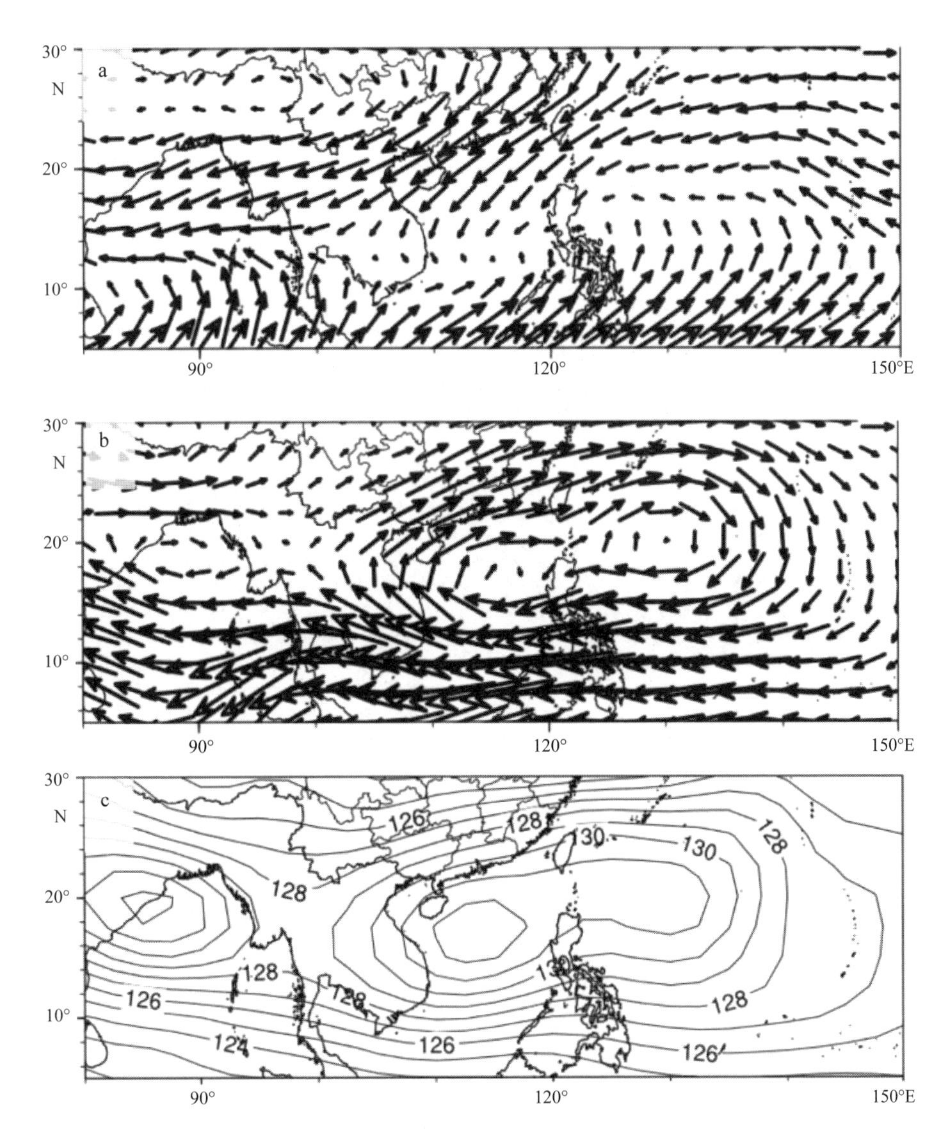

图9−2　1979—2015年7—8月MJO处于强的第1位相、第12位相、第18位相时对应的［200 hPa风场（a），850 hPa风场（b）和500 hPa高度场（c）距平场合成图］

图 9-3 所示的是 1979—2015 年 9—10 月 MJO 处于第 7 位相时对应的 200 hPa 风场（图 9-3a）、850 hPa 风场（图 9-3b）和 500hPa 高度场（图 9-3c）的距平场合成图。由图 9-3 可见，当 MJO 处于第 7 位相时，南海和西北太平洋北部上空高层为辐散式东北异常风场；低层为气旋性（横槽式）异常环流，横槽位于海南岛南部沿海至菲律宾海中部沿海区域；中层高度场异常表现负距平，在南海东北部海域上空有一闭合低值中心。此种异常环流形式有利于热带气旋影响海南岛。

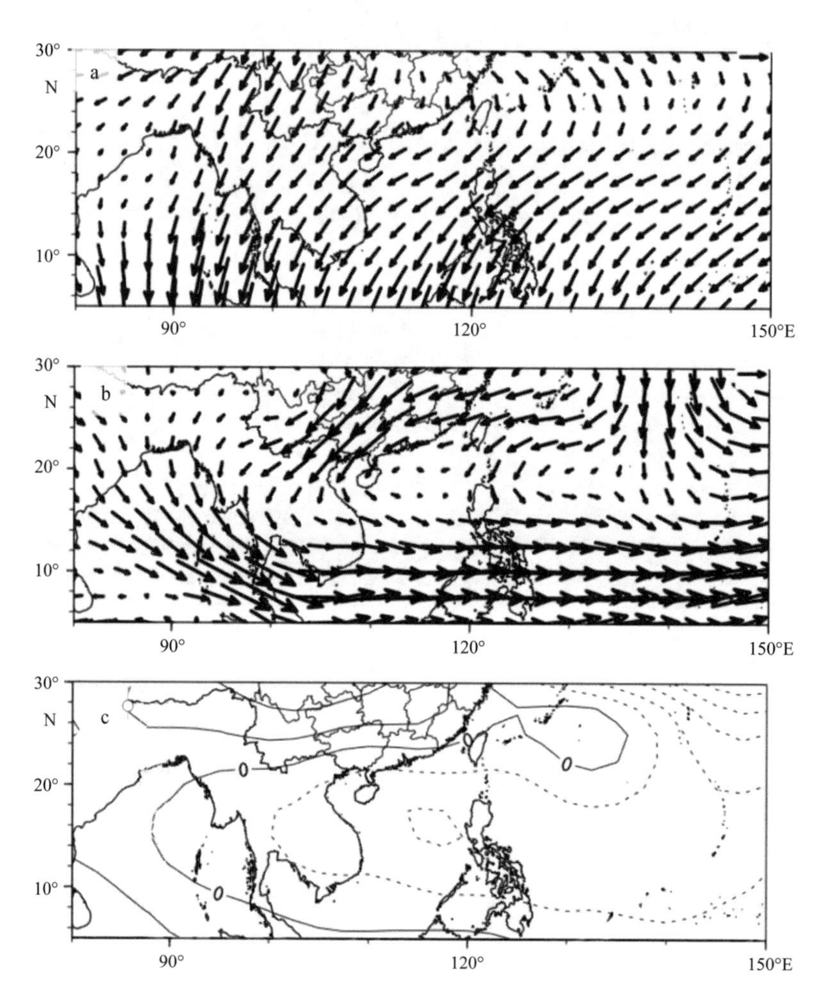

图9-3　1979—2015年9—10月MJO处于第7位相时对应的［200 hPa风场（a），850 hPa风场（b）和500 hPa高度场（c）距平场合成图］

图 9-4 所示的是 1979—2015 年 9—10 月 MJO 处于第 1 位相时对应的 200 hPa 风场（图 9-4a）、850 hPa 风场（图 9-4b）和 500 hPa 高度场（图 9-4c）的距平场合成图。由图 9-4 可见，当 MJO 处于第 1 位相时，南海和西北太平洋北部上空的异常环流表现为：高层为气旋式辐合环流；低层为反气旋式辐散环流，南海中部区域为反气旋式辐散中心；中层高度场表现为异常的正距平区，在南海中部海域上空有一闭合的异常高值中心。此种异常环流形式明显不利于热带气旋影响海南岛。

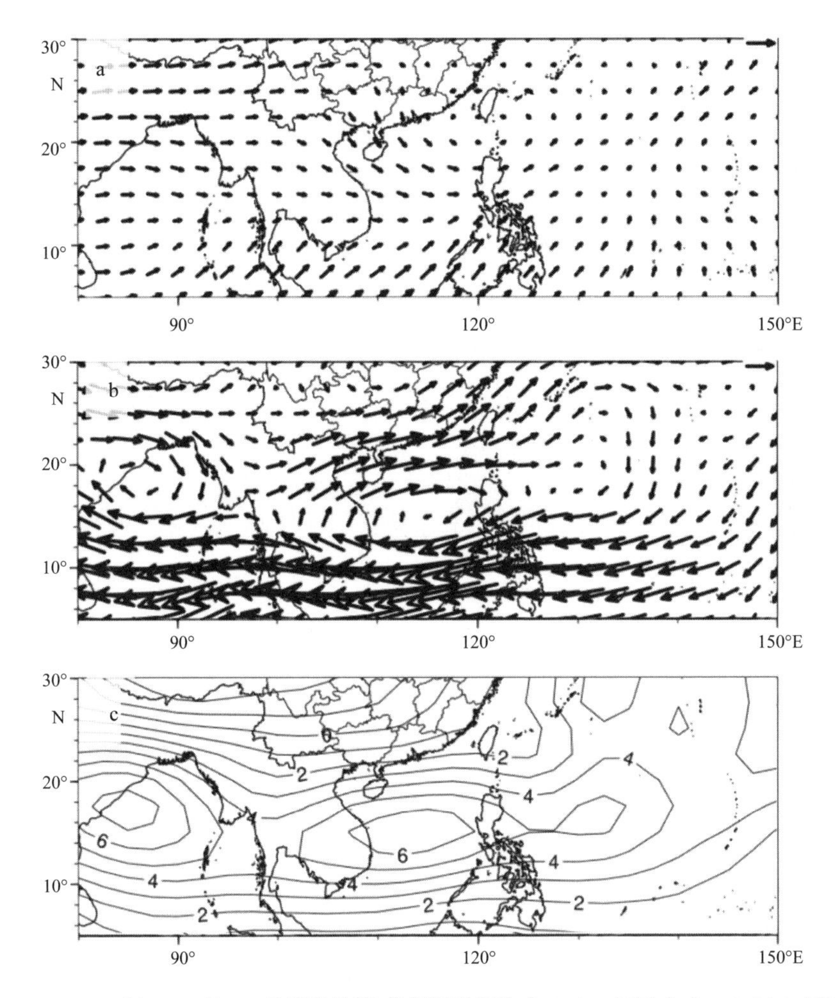

图9-4　1979—2015年9—10月MJO处于强的第1位相时对应的［200 hPa风场（a），850 hPa风场（b）和500 hPa高度场（c）距平场合成图］

9.5 结论与讨论

本章利用澳大利亚气象局MJO指数（1979—2015年）资料、NCEP/NCAR全球再分析格点资料和中国气象局上海台风研究所台风资料指数，分析了MJO不同位相、强度与7—10月影响海南岛热带气旋活动的关系。主要结论有：

（1）7—10月影响海南岛的热带气旋活跃期和沉寂期与MJO的位相和强度有关，但7—8月和9—10月的热带气旋活跃期和沉寂期对应的MJO位相和强度有所不同。

（2）7—8月份，当MJO处于强的第3、第6位相或弱的第4位相时，南海上空高层为明显的辐散式异常环流，低层为异常的气旋式环流，中层高度场为异常的闭合低值中心，有利于热带气旋影响海南岛。当MJO处于强的第1、第2、第8位相时，南海上空高层为明显的辐合式异常环流，低层为闭合的反气旋式异常环流，中心位于南海中部偏北，中层高度场异常表现为闭合高值中心。此种异常环流形式与述强的第3、第6位相和弱的第4位相时正好相反，不利于热带气旋影响海南岛。

（3）9—10月，当MJO处于第7位相时，南海和西北太平洋北部上空高层为辐散式东北风异常，低层为气旋性（横槽式）异常环流，中层高度场在南海东北部海域上空为异常的闭合低值中心，有利于热带气旋影响海南岛。而当MJO处于第1位相时，南海和西北太平洋北部上空高层为气旋式辐合环流，低层为反气旋式辐散环流，南海中部区域为反气旋式辐散中心，中层高度场在南海中部海域上空为异常的闭合高值中心，不利于热带气旋影响海南岛。

上述分析可见，7—8月份和9—10月份有利于热带气旋影响海南岛的高、低空环流特征还存在明显的差异性。在7—8月份，南海上空高层为辐散式异常环流，低层为异常的气旋式环流，中层高度场为闭合低值中心；在9—10月份，南海和西北太平洋北部上空高层为辐散的东北风异常，低层为气旋性（横槽式）异常环流，中层高度场在南海东北部海域上空为异常的闭合低值中心。由于MJO对热带气旋生成及活动有明显的调制作用，在传播过程中的持续异常也会对热带大气环流造成显著的影响，从 7—8 月份和 9—10 月份 MJO 影响环流分析，高、低大气环流的显著差异与 MJO 的位相关系最为紧密，后期可通过数值模拟进行验证并对影响机制做更深入的分析讨论。

参考文献

[1] MADDEN R A, JULIAN P R. Detection of a 40–50 day oscillation in the zonal wind in the tropical Pacific[J]. Journal of the Atmospheric Sciences, 1971, 28:702–708.

[2] 李崇银 . 大气季节内振荡研究的新进展 [J]. 自然科学进展 , 2004, 14(7):734−741.

[3] CARVALHO L C, LIEBMANN J B. The South Atlantic convergence zone:Intensity, Form, Persistence, and relationships with intraseasonal to interannual activity and extreme rainfall[J]. Journal of Climate, 2004, 17:88−108.

[4] 董敏 , 李崇银 . 热带季节内振荡模拟研究的若干进展 [J]. 大气科学 , 2007, 31(6):1113−1122.

[5] 严欣 , 琚建华 . 夏季 MJO 持续异常的主要特征分析 [J]. 大气科学 , 2016, 40(5):1048−1058.

[6] GRAY W M. Hurricanes:their formation, structure and likely role in the tropical circulation[G]// Meteorology over the Tropical Oceans, Roy Meteor Soc, James Glaisher House, Grenville Place, Bracknell, Berkshire, 1979:155-218.

[7] NAKAZAWA T. Mean features of 30–60 day variations as inferred from 8-year OLR data[J]. Journal of the Meteorological Society of Japan, 1986, 64:777−786.

[8] VON STORCH H, SMALLENGANGE A. The phase of the 30 to 60 day oscillation and the genesis of tropical cyclones in the western Pacific[R]. Mac-Planck-Institut For Meteorology, 1991, Repb66:1−22.

[9] HIGGINS R, SHI W. Intercomparison of the principal modes of interannual and intraseasonal variability of the North American monsoon system[J]. Journal of Climate, 2009, 14:403−417.

[10] SOBEL A H, MALONEY D E. Effect of ENSO and MJO on western North Pacific tropical cyclones[J]. Geophysical Research Letters, 2000, 27(12):1739−1742.

[11] 祝从文 , TETSUO N, 李建平 . 大气季节内振荡对印度洋—西北太平洋地区热带低压 / 气旋生成的影响 [J]. 气象学报 , 2004, 62(1):42−51.

[12] LIEBMANN B H, HENDON H, GLICK J D. The relationship between tropical cyclones of the western Pacific and Indian Oceans and the Madden-Julian Oscillation[J]. Journal of the Meteorological Society of Japan, 1994, 72:401−411.

[13] BESSAFI M, WHEELER M C. Modulation of south Indian Ocean tropical cyclones by the Madden-Julian Oscillation and convectively coupled equatorial waves[J]. Monthly Weather Review, 2005, 134:638−656.

[14] HALL J D, MATTHEWS A J, KAROLY D J. The modulation of tropical cyclone activity in the Australian region by the madden-Julian oscillation[J]. Monthly Weather Review, 2001, 129:2970−2982.

[15] MALONEY E D, HARTMANN D L. Modulation of hurricane activity in the Gulf of Mexico by the Madden-Julian Oscillation[J]. Science, 2000a, 287:2002−2004.

[16] MALONEY E D, HARTMANN D L. Modulation of eastern North Pacific hurricanes by the Madden-Julian Oscillation[J]. Journal of Climate, 2000b, 13:1451−1460.

[17] 祝丽娟 , 王亚非 , 尹志聪 . 热带 MJO 和 ENSO 对西北太平洋热带气旋影响研究综述 [J]. 气象科技 , 2012, 40(1):65−73.

[18] 刘舸 , 孙淑清 , 张庆云 , 等 . 热带辐合带内的季节内振荡及其与热带气旋发生阶段性的关系 [J]. 大气科学 , 2009, 33(4):879−889.

[19] 陈光华 , 黄荣辉 . 西北太平洋低频振荡对热带气旋生成的动力作用及其物理机制 [J]. 大气科学 , 2009, 33(2):207−214

[20] KIM J H, HO C H, KIM H S, et al. Systematic variation of summertime tropical cyclone activity in the western North Pacific in relation to the Madden-Jullian oscillation[J]. Journal of Climate, 2008, 21:1171−1191.

[21] 李崇银 , 潘静 , 宋洁 . MJO 研究新进展 [J]. 大气科学 , 2013, 37(2):229−252.

[22] MOLINARI J, VOLLARO D. Planetary- and synoptic-scale influences on eastern Pacific tropical cyclogenesis[J]. Monthly Weather Review, 2000, 128:3296−3307.

[23] WHEELER M C, HENDON H H. An all-season real-time multivariate MJO index:Development of an index for monitoring and prediction[J]. Monthly Weather Review, 2004, 132:1917−1932.

[24] DONALD A, MEINKE H, POWER B, et al. Near-global impact of the Madden-Julian oscillation on rainfall[J]. Geoply Res Lett, 2006, 33, L09704. cloi:10.1029/2005 GL025155.

第10章　海南岛强台风事件的气候特征

10.1　引言

每年我国东南和华南沿海地区都会受到热带气旋（tropical cyclone，以下简称TC）的显著影响[1]，其中海南岛是受到明显影响的地区之一[2-3]。据统计，年均影响海南岛的热带气旋个数超过6个，登陆的热带气旋个数达2个。尽管其中影响海南岛的强台风数量相对较少，但是强台风造成的灾害非常严重，例如“7314”号强台风曾把琼海“夷为平地”,而“0518”号强台风“达维”和“1409”号超强台风“威马逊”给海南造成的直接经济损失均超百亿元[4-5]，可见强台风是海南灾害性极端气候事件的典型代表。深入认识强台风发生发展的规律和机制，做好预测服务，对科学部署海南岛的防灾减灾工作意义重大。

随着全球变暖，部分极端气候事件的发生越来越频繁[6]，但不同重现期（不同强度）的极端事件对气候变暖有不同的响应[7]。王小玲和任福民[8]的研究指出，1957—2004年间强热带气旋频数呈显著减少趋势，强度越强，减少趋势越明显。赵珊珊等[9]和曹楚等[10]关于西北太平洋热带气旋频数和强度的分析也得到类似的结论，即西北太平洋近中心最大风速≥ 58 m/s的超强台风频数有长期减少趋势，西北太平洋热带气旋频数、平均强度和极端强度均呈下降趋势。田荣湘[11]关于南半球气候变暖对西北太平洋热带气旋的影响研究也得出一致的结论。这些分析意味着全球变暖导致的西北太平洋海表温度升高并未直接造成超强台风增多。此外，丑洁明等[12]在针对影响广东省的热带气旋特征分析中指出，影响广东省热带气旋频次整体随时间变化不大，强度低的热带气旋频次随年际呈现较为明显的减少变化趋势，而强度高的热带气旋频次呈现较为明显的逐年上升趋势，这意味着影响不同区域的强台风活动有不同的变化特征。那么，影响海南岛的强台风活动有何特征？本章把影响海南岛的强台风作为一个整体来分析其气候特征，从而了解其发生和变化规律，为进一步深入认识其影响海南岛的机理、做好预测服务提供参考。

10.2 资料方法

10.2.1 资料

本章主要使用了1949—2018年台风资料、海南历史灾情资料和再分析资料。台风资料来自中国气象局台风数据库；海南历史灾情资料来自《中国气象灾害大典（综合卷）》[14]和《海南年鉴》[4-5,15]。

本章用到的ENSO指数为BEST指数（Bivariate ENSO Time Series）[16]，再分析资料来自美国气象环境预报中心（NCEP）和美国国家大气研究中心（NCAR）联合制作的NCEP/NCAR再分析数据集[17]。

本章中用到的潜在破坏力[18-19]指的是TC在海南省台风业务影响区域中严重影响区内的累积能量，由各时次的最大风速平方与时间的积累相加而得。

10.2.2 海南岛强台风事件的识别

根据海南台风灾情发生实际和防台减灾需要，定义海南岛的强台风事件（Hainan Island Violent Typhoon Events，以下简称HIVTE）为：当热带气旋在海南岛严重影响区（见海南省台风防御相关业务规范）以14级以上（强台风）强度至少影响6小时，这样一次事件称为强台风事件[20-21]。根据该定义，对严重影响海南岛的台风进行排查，1949—2018年HIVTE共发生24次（20年）（表10-1）。平均来看，HIVTE的发生频率约为每3年一次。查阅《中国气象灾害大典（综合卷）》和《海南年鉴》资料可见，这些强台风事件均给海南带来了非常严重的损失。

表 10-1　1949—2018 年海南岛强台风事件表

台风序号	生成源地经度 / (°E)	生成源地纬度 / (°N)	影响本岛初始日期	生命史最大风速 / （m/s）	严重影响区最大风速 / (m/s)	南海内 6 小时最大增速 / (m/s) 或降压 / hPa	严重影响区潜在破坏力 / (6×10^3 m^2/s^2)	登陆点（或擦过方位）	近 3 月平均 BEST 指数
195313	127.0	16.7	8.13	50	45	5/10	34 050	文昌	0.63
195326	132.5	7.8	10.31	55	50	10/8	27 500	文昌	0.75
195413	148.8	10.6	8.29	85	45	−10/−5	6 075	岛北擦过	−0.8
195526	143.8	10.5	9.25	65	50	−5/−5	37 050	琼海	−1.5
195621	143.0	14.5	8.31	55	45	5/10	34 050	岛南擦过	−1.1
196318	157.1	9.1	9.7	55	45	5/3	35 025	文昌	0.84
196403	142.1	8.6	7.1	45	45	5/9	49 475	琼海	−0.67
196421	140.6	16.7	9.21	50	45	5/7	29 950	岛南擦过	−0.97
196611	115.0	16.0	7.25	45	45	5/7	43 500	岛北擦过	0.35
197039	148.0	7.2	10.16	75	50	5/6	45 400	文昌	−0.24
197139	134.2	5.8	10.8	60	45	10/6	29 700	三亚	−1.16
197233	142.3	12.2	11.7	50	45	10/11	31 350	文昌	1.46
197314	129.0	14.9	9.13	60	60	20/40	42 150	琼海	−1.3
197434	134.8	11.8	10.25	50	45	5/4	18 825	万宁	−0.65
198106	141.5	12.5	7.3	45	45	10/11	43 800	三亚	−0.47
198221	148.5	13.5	10.16	55	45	5/7	34 000	岛南擦过	2.0
198415	145.9	10.5	9.5	45	45	5/10	24 645	文昌	−0.24

续表

台风序号	生成源地经度 / (°E)	生成源地纬度 / (°N)	影响本岛初始日期	生命史最大风速 / (m/s)	严重影响区最大风速 / (m/s)	南海内 6 小时最大增速 / (m/s) 或降压 / hPa	严重影响区潜在破坏力 / (6×10^3 m^2/s^2)	登陆点（或擦过方位）	近 3 月平均 BEST 指数
198710	132.3	9.5	8.15	70	50	5/10	17 025	岛南擦过	2.0
199107	128.5	13.0	7.12	45	45	10/10	35 000	万宁	1.0
199113	123.6	16.5	8.15	45	45	5/10	43 225	岛北擦过 *	0.8
200518	127.0	13.2	9.25	50	50	10/20	46 829	琼海	0.2
201223	135.0	6.4	10.27	45	45	10/20	21 117	岛南擦过	0.29
201409	152.3	8.8	7.18	72	72	20/8	65 886	文昌	0.29
201415	141.0	10.0	9.16	42	42	5/5	20 922	文昌	0.7

10.3 气候特征

10.3.1 时间分布

从 HIVTE 发生的年份（包含于表 10-1 台风序列信息中）可见，HIVTE 存在明显的年际、年代际变化特征以及减少趋势。首先，HIVTE 出现频次存在明显的年代际变化特点，20 世纪 50 年代和 20 世纪 60 年代各出现 5 次，20 世纪 70 年代出现了 4 次，20 世纪 80 年代出现 3 次，20 世纪 90 年代则只出现了 2 次，而至 21 世纪初则只出现了 1 次，21 世纪 10 年代又增多，截至 2018 年共出现了 3 次。20 世纪 50 年代至 21 世纪初呈波动式减少趋势。其次，HIVTE 活跃和间歇的年际变化特征也很明显，具有连续发生的特点，活跃时期和间歇时期的连续性都较高。1953—

1956 年连续 4 年出现 HIVTE，1957—1962 年连续 6 年未出现；1963—1966 年集中出现 4 次，接下来连续 3 年未出现；1970—1974 年连续 5 年出现，1975—1980 年为间歇期；1981—1984 年又集中出现了 3 次，之后的 6 年只出现了 1 次；20 世纪 90 年代至 21 世纪初则是沉寂期，每个年代仅 1 年发生 HIVTE；而 2012—2014 年又是活跃期，HIVTE 集中出现了 3 次。

分析表 10-1 中台风影响海南岛的初始日期可见，1949 年以来，HIVTE 均出现在下半年，最早 7 月初，最晚 11 月上旬。HIVTE 发生最频繁的月份为 9 月，1949 年至 2018 年共出现 7 次（占比 29%）；其次是 10 月，出现 6 次（占比 25%）；再次是 7 月和 8 月，各出现 5 次（占比 21%），11 月仅出现过 1 次（占比 4%）。从表中还可以看出，HIVTE 的时间分布还有明显的年代际变化特征：1970 年以前（20

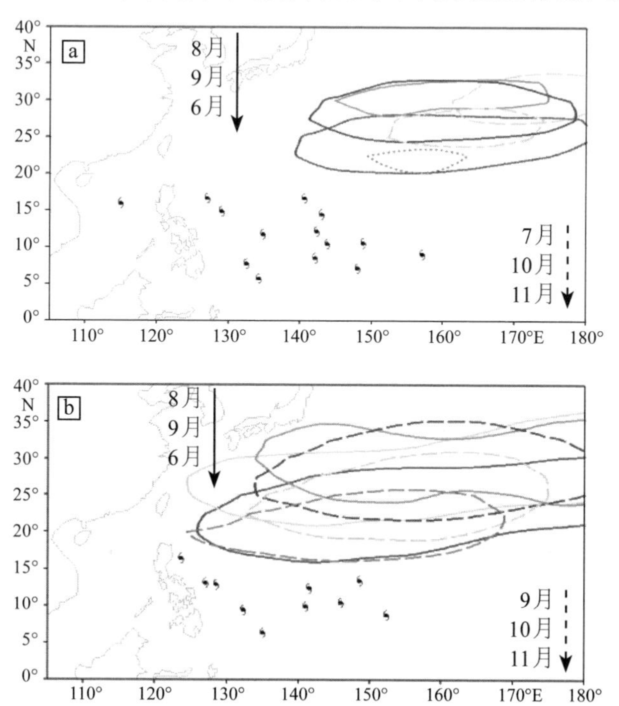

图10-1　1951—1980年（a）和1981—2010年（b）气候态各月副高（5880线）位置及1980年前和1980年后HIVTE中TC源地

（6月：红线；7月：黄线；8月：橙线；9月：紫线；10月：绿线；11月：蓝线）

世纪50年代和20世纪60年代），10月份HIVTE只出现过1次，而8月和9月份HIVTE则出现了3次；20世纪70年代和20世纪80年代，10月份HIVTE出现了4次，还出现了唯一1次11月份HIVTE，其次9月份HIVTE出现2次，而8月和7月HIVTE各出现过1次，说明20世纪70和20世纪80年代HIVTE活动较20世纪50和20世纪60年代明显偏晚。而20世纪90年代以后HIVTE发生时间又较20世纪70年代和20世纪80年代偏早，主要是由于10月份的HIVTE出现概率降低所致（由1970—1989年的20年4次降到1991—2018年共28年的1次）。

副热带高压南侧的引导气流对台风的加强发展和移动路径有极其重要的作用。为了解西北太平洋副热带高压气候态迁移对HIVTE的影响，本章对1980年前后两个30年的气候态进行了比较分析。图10–1所示的是1951—1980年和1981—2010年两个气候态各月副高气候态所处位置及1980年以前和之后HIVTE中TC源地坐标。由图10–1可见，新气候态较之前30年副高有明显的加强西伸，脊线和脊点南移。在新气候态下，6月和11月的副高脊点已向南越过20°N，10月副高南界非常接近20°N。各月HIVTE的发生频次及其变化与副高位置及其变化有很好的对应关系。首先，上半年以及11月后，副高脊线接近20°N或以南，其南侧活动的台风很难移动至海南岛；第二，8月HIVTE相对较少与其脊线和南界相对偏北（远离海南岛所在纬度）有关；第三，20世纪80年代中期后HIVTE在10月发生频次变少以及11月从有至无，此时10月和11月份副高在变大变强后脊线接近20°N，而其南界也显著南扩，不利于台风移动至海南岛，二者有很好的对应关系；第四，HIVTE发生频次明显减少，可能与副高变大变强后压缩了HIVTE中TC生成与活动的空间有关。

综合上述分析可见，HIVTE在总体呈减少趋势的基础上，存在明显的年代际变化特征，20世纪五六十年代偏多，20世纪90年代、21世纪初偏少；同时还存在表现为集中发生活跃期和长期沉寂间歇期的年际变化特征。HIVTE发生在下半年，高发月份是9月和10月，但10月发生的概率有明显减少趋势，HIVTE的减少可能与西太平洋副高变大变强有关。

10.3.2　源地和路径

分析 HNVTE 中 TC 源地（表 10-1）可见，1949 年以来，HNVTE 的台风仅有 1966 年 7 月的强台风源自南海，其余均源于西北太平洋，主要集中在 150°E 以西、15°N 以南的菲律宾以东海域。源地纬向最西为 120.8°E，最东为 149.8°E，横跨约 30 个经度；经向最南 6.4°N，最北 19.0°N，纵跨约 14 个纬度，但主要集中在 10°—15°E 区间的 5 个纬度内，占比 72%；而 10°N 以南仅两个，占比 8%；15°N 以北 5 个，占比 20%。但 1987 年以后，源地在 15°N 以北的概率在减少，而在 10°N 以南的概率可能会增加（各出现 1 次，各占比 14%）。HNVTE 台风路径以西北偏西或西行路径为主，主体路径大致为两条：一类路径，在菲律宾以东海面生成后，先西行至菲律宾中部群岛再西北行自海南岛；二类路径，在菲律宾以东海面生成后先西北行至菲律宾北部再西行至海南岛。分析表 10−1 中登陆点或擦过方位可见，海南岛东部海岸是 HNVTE 热带气旋正面袭击地，其中文昌是 HNVTE 的最频登陆点。1948 年以来的 HNVTE 热带气旋有 8 次在文昌登陆，占比 33.3%；其次是琼海，登陆 4 次，占比 16.7%；第三是万宁和三亚，各登陆 2 次，各占比 8.3%。另外，未正面袭击海南岛的 HNVTE 有 8 次。从表 10−1 中还可以看出，1970 年以前，HNVTE 除两次从岛南擦过外，基本都从琼海以北登陆或擦过（10 次中的 8 次）。在 1971 年以后，强台风从万宁以南登陆或擦过的概率明显增大（14 次中的 8 次，超过了琼海以北登陆或擦过的频次）。以上说明 HNVTE 影响有南移倾向，这很可能是图 2 中所示的副高脊线和南界均南移所致。

综合上述分析可见，HIVTE 中 TC 主要源自西北太平洋，大体在菲律宾以东海面生成后，先西行至菲律宾中部群岛再西北行自海南岛或先西北行至菲律宾北部再西行至海南岛；7 月和 9 月 HIVTE 中 TC 的台风路径有较好的聚集性；尽管文昌是 HIVTE 热带气旋的主要登陆点，但 HIVTE 影响有南移倾向。

10.3.3 发展变化与潜在破坏力

对 HIVTE 中热带气旋在南海内的发展变化进行分析（见表 10-1：南海内 6 小时最大增速或降压）可见，热带气旋要在进入海南岛严重影响防区达到强台风等级，往往需在南海内继续加强。1948 年以来的 HIVTE 中，只有 1954 年和 1955 年两次事件中的热带气旋在南海呈减弱趋势，而这是因为其到达菲律宾东部近海南强度达到了最强，中心最大风速达 85 m/s 和 65 m/s。除此之外的热带气旋在南海大多表现出快速加强现象[22-23]，在 22 次 HIVTE 中，有 17 次事件中的热带气旋在南海急速加强（每 6 小时中心气压下降 7 hPa）。中心气压下降最急剧的是“7314”号台风，6 小时降压达 40 hPa，其次是“0518”号和“1223”号台风，6 小时降压达 20 hPa；中心风速加强最快的是“7314”号和“1409”号台风，6 小时增速达 20 m/s。

从表中还可以看出，20 世纪 50 年代和 20 世纪 60 年代，HIVTE 有 2 次表现出在南海减弱的现象，其他 8 次中只有一次的热带气旋中心风速 6 小时最大增速达 10 m/s，其他均只有 5 m/s。而 1971 年以后的 HIVTE 均有在南海加强现象，15 次中有 8 次热带气旋中心风速 6 小时最大增速达到或超过 10m/s。

对比各 HIVTE 中热带气旋生命史最大风速与海南岛严重影响区最大风速的差异（图 10-3）可见，20 世纪 70 年代以后，HIVTE 中 TC 生命史最大风速与海南岛严重影响区最大风速的差异明显小于此前的 HIVTE 中 TC，特别是 20 世纪 90 年代后，这种差异已减少至 0。也就是说，1990 年后的 HIVTE 中 TC 是在进入海南岛近海才发展至其最强状态，这与前述 1971 年后 HIVTE 中 TC 在南海有快速发展的分析一致。

各 HIVTE 热带气旋在海南岛严重影响区的最大风速总体接近，但仍可见各年代极大值随时间是增大的（图 10-4）。20 世纪 50 年代极值为 50 m/s（1953 年和 1955 年），20 世纪 70 年代极值为 60 m/s（1973 年），21 世纪 10 年代极值达到 72 m/s（2014 年超强台风“威马逊”）。从图 10-4 还可见，HIVTE 各 TC 对应的潜在破坏力也存在随时间增大的趋势，主要由个别极端性 HIVTE 引起，潜在破坏力最小事件发生在 1954 年，由于其只是从岛北快速擦过，产生的潜在破坏力仅为 6 075 h · m^2/s^2)。而潜在破坏力最大事件发生在 2014 年，由超强台风“威马逊”造成，主要因为其明显高于其他 TC 的风速所致。图中还可见 20 世纪 80 年代后 HIVTE 破坏潜力的振幅有变大趋势，这对 HIVTE 破坏力预测有一定指示意义。

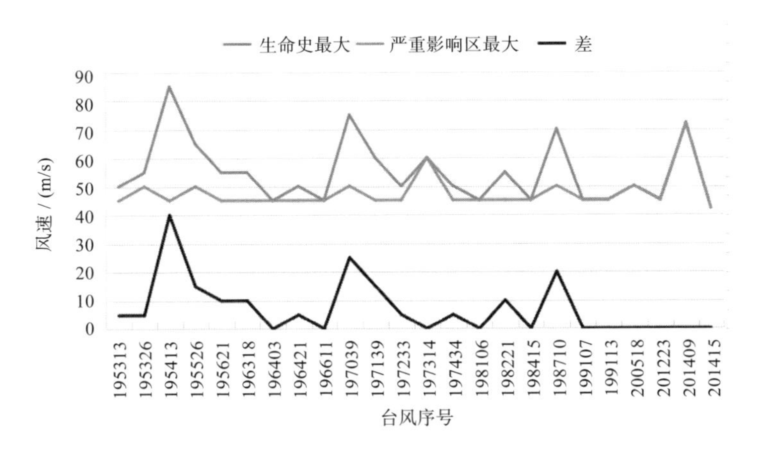

图10-3　HIVTE各TC的生命史最大风速和在海南岛严重影响区最大风速及两者差（m/s）

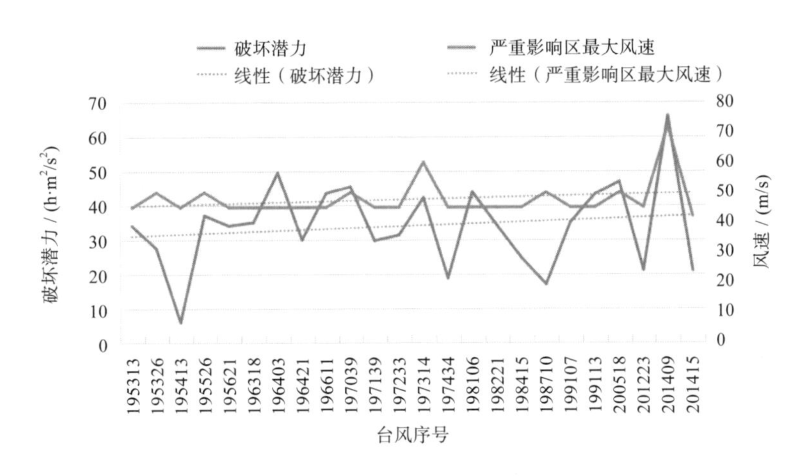

图10-4　HIVTE中TC在海南岛严重影响区的破坏潜力（h·m^2/s^2）和最大风速（m/s）

综上所述，HIVTE 中 TC 需在南海继续加强，1971 年后更是在南海有快速发展。潜在破坏力极值随时间有增大趋势，振幅在 20 世纪 80 年代后有变大趋势。

10.4 海温背景

分析表 10-1 中 HIVTE 发生前近 3 个月（当月、前 1 月和前 2 月）平均的 ENSO 指数图 10-5 可见，20 世纪 80 年代后期后，HIVTE 均出现在 ENSO 暖状态年（ENSO 指数为正），而此前则主要出现在 ENSO 冷位相年（ENSO 指数为负）。这说明 HIVTE 发生的海温背景可能存在年代际变化，或者说发生了突变。

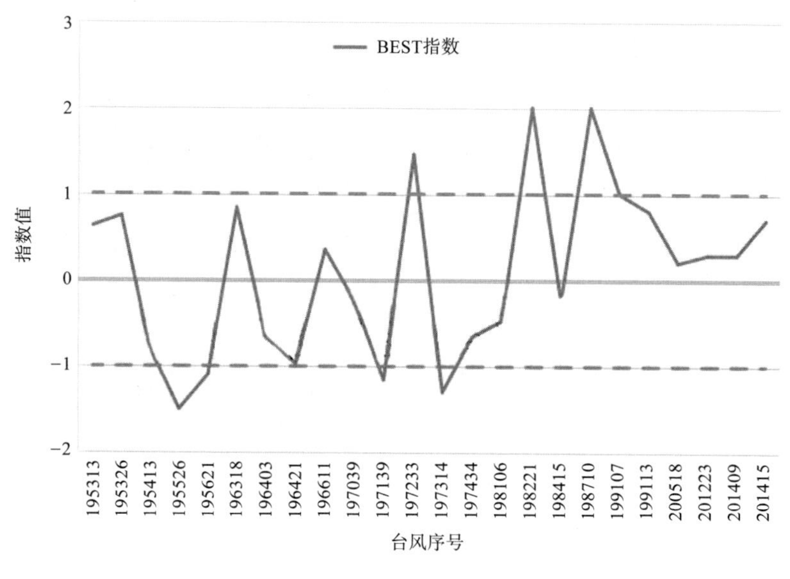

图10-5 HIVTE发生之前2个月至当月的平均BEST指数

已有研究表明，大气环流在 20 世纪 80 年代后期发生了突变 [24-25]，图 10-1 所示 1980 年前后两个气候态副高的差异也揭示了这点：随着全球变暖，西太平洋副热带高压变大变强，脊点（脊线）南移，南界南移。另一方面，赤道东太平洋海温偏暖有利于西太平洋副高脊线偏南、面积偏大和脊点偏西 [26]。比较全球变暖和赤道东太平洋暖海温对西太平洋副高的影响可见，两者的作用效果是一致的，即全球变暖和厄尔尼诺事件均不利于 HIVTE 的发生。这与随着全球变暖，厄尔尼诺事件越来越频繁，但海南岛的强台风事件却越来越少的现象吻合。同时，这也说明：尽管 20 世纪 80 年代后期后，HIVTE 均出现在赤道中东太平洋海温偏暖年份，即相对中东太平洋冷状态，暖状态更有利于 HIVTE 的发生；但这并不意味着 20 世纪 80 年代后，厄尔尼诺是有利于 HIVTE 发生的影响因子，更有可能是冷暖状态相互转换时期的中东太平洋海温更有利于 HIVTE 的发生，表 10-1 中 1987 年后累积 ENSO 指数绝对值较小说明了这点。

南海热状况（表面气温、海表温度）的气候变化显示夏、秋季突变发生在 20 世纪 80 年代，冬、春季的突变发生相对较晚，在 20 世纪 90 年代（图略）。对南海和西太平洋西部（影响海南的强台风生成和移动区域）海表温度进行经验正交函数（EOF）分解（图 10-6），得到第一模态的方差贡献可达 68.5%，远大于第二模态的 9.5%，说明它可以反映该场变化特征的主要信息。第一模态的空间分布（图 10-6a）表现为全场一致型，中心区域位于菲律宾及其东部洋面，这些区域正是西北太平洋热带气旋活跃区，也正是影响海南岛的强台风生成源地。南海和西北太平洋海表温度 EOF 分解第一模态的时间系数表现为明显的年代际变化特征（图 10-6b），利用 M-K 检验，可见 20 世纪 80 年代后期为突变点（图 10-6c），之前年代际变化距平为负值，可以认为是冷期;之后年代际变化距平为正值，为暖期。陶丽等[27]指出，在不同年代际背景下，ENSO 与 WNPTC 的关系不同，在 1969—1988 年（对应前述冷期）强 TC 频数与中国近海（包括南海）的 SST 呈显著正相关；而在后一时期 1989—2008 年（对应前述暖期），强 TC 频数与西北太平洋 SST 呈显著负相关，而与热带中东太平洋（特别是热带中太平洋）呈显著正相关。也就是说，在冷期，当中东太平洋处于拉尼娜状态时，南海 SST 偏高（年际尺度），对应西北太平洋强 TC 偏多；在暖期，在中东太平洋处于厄尔尼诺状态时，西北太平洋强 TC 偏多。这与图 10-5 所示的 HIVTE 的海温背景是一致的：1987 年之前，HIVTE 多发生于拉尼娜状态下，之后则几乎只发生在厄尔尼诺状态下。此外，由于南海和西北太平洋海温在 1987 年后突变式升温，根据在暖期强 TC 频数与西北太平洋 SST 呈显著负相关关系，可知强 TC 频数将显著减少，这与海南岛 1987 年后 HIVTE 明显减少也是一致的。

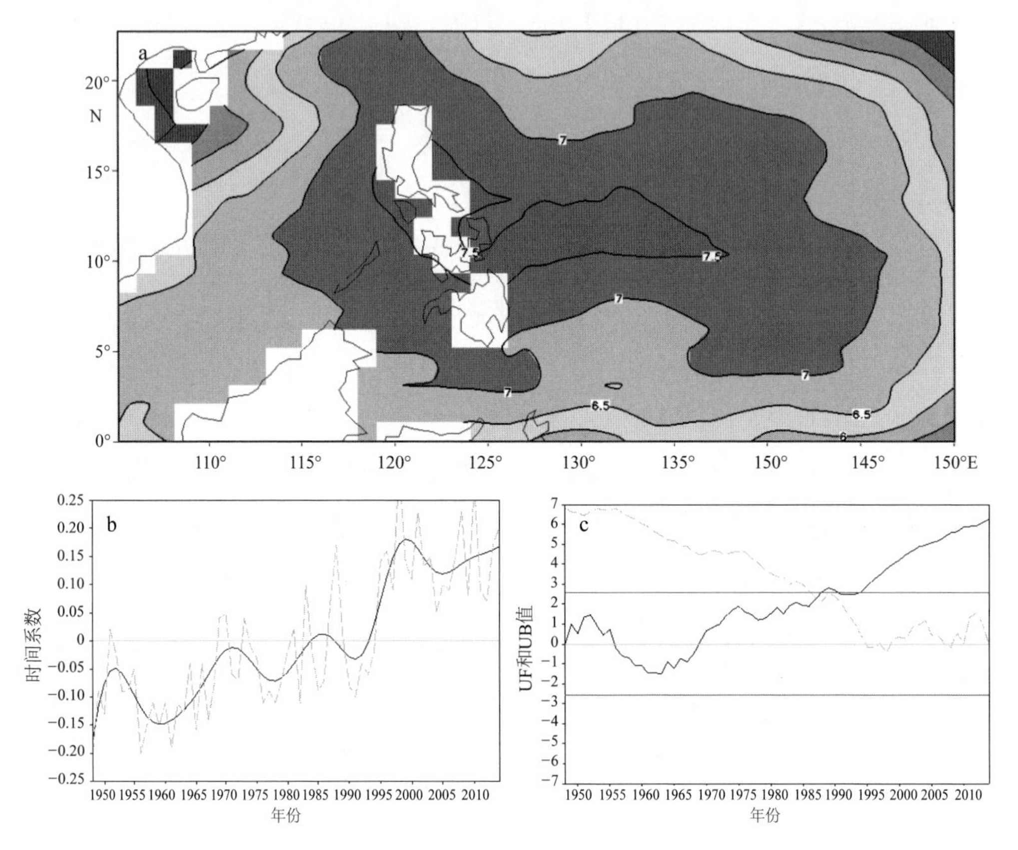

图10-6　南海和西北太平洋海表温度EOF分解第一模态的空间分布（a）和时间系数演变（b）及其M-K检验（c），其中图b中光滑黑色曲线为低频滤波后的时间系数，图c中黑色实线表示M-K检验的UF，绿色虚线为UB，红色直线为a=0.05显著水平临界值

综上所述，HIVTE 与海温间的联系有明显的年代际差异，1987 年前，中东太平洋冷状态和南海－西太平洋偏暖有利于 HIVTE 发生，而 1987 年之后，中东太平

洋弱的暖状态有利于 HIVTE 的发生，但由于南海 – 西北太平洋海温突变式升高导致 HIVTE 发生概率显著降低。

10.5　结论

本章从时间分布、源地路径、发展变化与破坏潜力以及海温背景四个方面分析了 HIVTE 中 TC 的气候特征，主要结论有：

（1）HIVTE 在总体呈减少趋势的基础上，存在 20 世纪 50 年代和 20 世纪 60 年代偏多，20 世纪 90 和 21 世纪初偏少的明显年代际变化特征；同时还存在集中发生活跃期和长期沉寂间歇期的年际变化特征。HIVTE 发生在下半年，高发月份是 9 月和 10 月，但 10 月发生的概率有明显减少趋势。

（2）HIVTE 中 TC 主要源自西北太平洋，大体在菲律宾以东洋面生成后，先西行至菲律宾中部群岛再西北行至海南岛，或先西北行至菲律宾北部再西行至海南岛。HIVTE 中 TC 的主要登陆点是文昌，但其影响也有南移倾向。

（3）HIVTE 中 TC 需在南海继续加强，特别是 1971 年后更是在南海有快速发展；潜在破坏力极值随时间有增大趋势，振幅在 20 世纪 80 年代后有变大趋势。

（4）HIVTE 与海温间的联系有明显的年代际差异，1987 年前，中东太平洋冷状态和南海 – 西太平洋偏暖有利于 HIVTE 发生，而 1987 年之后，中东太平洋弱的暖状态有利于 HIVTE 的发生，但由于南海 – 西北太平洋海温突变式升高导致 HIVTE 发生概率显著降低。

由于强台风事件是极端天气气候事件，属于小概率事件，样本量相对较小，导致常规的气候学诊断方法难以适用，进而影响结论的科学性。以上分析结论可对强台风事件的预测工作提供有意义的帮助，但其科学性需在实践的业务工作中不断订正完善。

参考文献

[1] CHAO Q C, CHAO J P. Statistical features of tropical cyclones affecting China and its key economic zones[J]. Acta Meteorologica Sinica, 2012, 26(6):758−772.

[2] WU Y J, WU S A, ZHAI P M. The impact of tropical cyclones on Hainan Island's extreme and total precipitation[J]. International Journal Climatology, 2007, 27:1059−1064.

[3] 吴胜安，郭冬艳，杨金虎．海南热带气旋降水的气候特征 [J]. 气象科学，2007, 27(3):307−311.

[4] 海南省人民政府．海南年鉴（2005）[M]. 海口：海南年鉴出版社，2006:9−10.

[5] 海南省人民政府．海南年鉴（2004）[M]. 海口：海南年鉴出版社，2005:51−52.

[6] ZHENG Y G, CHEN J, TAO Z Y. Distribution characteristics of the intensity and extreme intensity of tropical cyclones influencing China[J]. Acta Meteorologica Sinica, 2014, 28(3):393−406. (in Chinese)

[7] 祁添垚，张强，孙鹏，等．气候暖化对中国洪旱极端事件演变趋势影响研究 [J]. 自然灾害学报，2015, 24(3):143−152.

[8] 王小玲，任福民．1957—2004 年影响我国的强热带气旋频数和强度变化 [J]. 气候变化研究进展，2007, 6(6):345−349.

[9] 赵珊珊，高歌，孙旭光，等．西北太平洋热带气旋频数和强度变化趋势初探 [J]. 应用气象学报，2009, 20(5):555−563.

[10] 曹楚，彭加毅，余锦华．全球气候变暖背景下登陆我国台风特征的分析 [J]. 南京气象学院学报，2006, 29(4):455 −461.

[11] 田荣湘．南半球气候变暖对西北太平洋热带气旋的影响 [J]. 自然灾害学报，2005, 14(4):25−29.

[12] 丑洁明，班靖晗，董文杰，等．影响广东省的热带气旋特征分析及灾害损失研究 [J]. 大气科学，2018, 42(2):357–366.

[13] YING M, ZHANG W, YU H, et al. An overview of the China Meteorological Administration tropical cyclone database[J]. Journal of Atmospheric and Oceanic Technology, 2014, 31:287−301.

[14] 丁一汇．中国气象灾害大典．综合卷 [M]. 北京：气象出版社，2008:229−297.

[15] 海南省人民政府．海南年鉴（2012）[M]. 海口：海南年鉴出版社，2013:49−50.

[16] SMITH C A, SARDESHMUKH P. The Effect of ENSO on the Intraseasonal Variance of Surface

Temperature in Winter[J]. International Journal of Climatology, 2000, 20:1543−1557.

[17] KALNEY E, KANAMITSU M, KISTLER R, et al. The NCEP/NCAR 40-year reanalysis project[J]. Bulletin of the American Meteorological Society, 1996, 77:437−471.

[18] 吴胜安 , 邢彩盈 , 朱晶晶 . 南海和西北太平洋台风潜在破坏力的气候特征初步研究 [J]. 自然灾害学报 , 2018, 27(2):122−129.

[19] HIROYUKI M, LI T, PANG C. Contributing factors to the recent high level of accumulated cyclone energy(ACE) and power dissipation index(PDI) in the North Atlantic[J]. Journal of Climate, 2014, 27:3023−3034.

[20] ZHU J J, ZHAO X P, WU S A, et al. Characteristics of the violent typhoon events seriously affecting Hainan Island and its relationship with PDO[C]. IOP conf. Ser. :Mater. Sci. Eng. 735 012077, 2019, 496−501.

[21] 吴胜安 , 邢彩盈 , 朱晶晶 , 等 . 海南岛灾害性气候事件的气候特征 [C]. 第二届中国沿海地区灾害风险分析与管理学术研讨会文集 , 2014, 86−90.

[22] 于玉斌 , 姚秀萍 . 西北太平洋热带气旋强度变化的统计特征 [J]. 热带气象学报 , 2006, 22(6):521−526.

[23] 钱燕珍 , 张胜军 , 黄奕武 , 等 . 强台风“海葵”(1211) 近海急剧增强的数值研究 [J]. 热带气象学报 , 2014, 30(6):1069−1079.

[24] 贺圣平 . 20 世纪 80 年代中期以来东亚冬季风年际变率的减弱及可能成因 [J]. 科学通报 , 2013, 58:609−616.

[25] 丁一汇 , 柳艳菊 , 梁苏洁 , 等 . 东亚冬季风的年代际变化及其与全球气候变化的可能联系 [J]. 气象学报 , 2014, 72(5):835−852.

[26] 彭加毅 , 孙照渤 . 春季赤道东太平洋海温异常对西太平洋副高的影响 [J]. 南京气象学院学报 , 2000, 23(2):191−195.

[27] 陶丽 , 靳甜甜 , 濮梅娟 , 等 . 西北太平洋热带气旋气候变化的若干研究进展 [J]. 大气科学学报 , 2013, 36(4):504−512.

第 11 章　海南岛强台风事件的海气背景

11.1　引言

对我国南方沿海地区而言，每年有热带气旋影响或登陆是大概率事件，海南岛更是如此。海南岛年均热带气旋影响个数超过 6 个，登陆的热带气旋个数超过 2 个。相对而言，影响海南岛的强台风则少很多，强台风（特指进入影响海南岛范围内仍维持强台风或以上等级的热带气旋）影响海南岛是小概率事件，然而强台风带给海南的灾害则非常巨大："7314"号强台风曾把琼海夷为平地；"0518"号强台风"达维"造成直接经济损失 116.46 亿元。可以说，强台风是海南灾害性极端气候事件的典型。

随着全球变暖，极端气候事件的发生越来越频繁，造成的危害也越来越严重。极端气候事件的相关研究是当前关注的热点，且研究的重心从极端事件的气候特征分析向极端事件的预报预测理论、方法和技术转移。极端气候事件可能与影响因子的极端异常有关，而影响因子的极端异常有可能是一个长时间异常积累的结果。基于这样的认识，极端气候事件发生前其海气背景应该发生异常。那么，海南强台风事件发生前，其海气背景是否出现异常？若有，这些异常是什么，有何特征？对以上问题的探讨，有利于我们认识海南强台风事件的海气背景，进而探寻这些事件的预测技巧，为防灾减灾和决策提供技术支持。

11.2　资料和方法

本章主要使用了 1966—2012 年台风资料、海南历史灾情资料和再分析资料。

台风资料来自中国气象局《台风年鉴》；海南历史灾情资料来自《中国气象灾害大典（海南卷）》（2000 年前）和《海南年鉴》（2000 年后）；再分析资料来自美国气象环境预报中心（NCEP）和美国国家大气研究中心（NCAR）联合制作的 NCEP/NCAR 再分析数据集。

异常度表征气象要素 y 的异常程度，用 c 表示：

$$c=\frac{y-y_p}{\sigma_y} \tag{11-1}$$

其中，$y_p=\frac{1}{n}\sum_{i=1}^{n}y_i$，$\sigma_y=\sqrt{\frac{1}{n-1}\sum_{i=1}^{n}(y_i-y_p)^2}$

湿静力稳定度引用 Gray（1975）热带气旋季节生成参数（SGP）中的定义，即 $I_\theta=\left(\frac{\delta\theta e}{\delta P}+5\right)$，定义为 1 000 hPa 与 500 hPa 相当位温 θe 的垂直梯度，单位为 K/(500 hPa)，它反映大气的稳定程度。I_θ 值越大，表明大气越不稳定。

11.3　海南岛强台风事件的海气背景

11.3.1　海表温度

图 11−1 所示的是强台风事件发生前 2 个月至当月海表温度异常度差异显著性检验值分布（这里的差异显著性检验指的是强台风事件的月样本均值与气候态月均值之间的差异 t 检验）。由图 11−1 中可见，从强台风事件发生的前 1 个月至当前月，通过差异显著性检验的区域充满了热带印度洋。西北太平洋通过显著性检验的区域在这 3 个月中有较大变化，从前 2 个月至前 1 个月，差异显著区域从南海中南部向北、向东扩展。前 2 个月（图 11−1a），显著相关区在西北太平洋主要集中在南海中部和南部，南海北部（海南岛周边海域）的差异不能通过显著性检验；在前 2 个月（图 11−1b），海南岛周边大部分海域可通过显著性检验。从前 1 个月至当前月（图 11−1c），差异显著区又有所缩小，特别在南海区域，海南岛周

边海域的显著相关区基本消失。以上分析表明，热带印度洋海温异常偏高，前期南海海温异常偏高发展是海南强台风事件发生的海温背景。

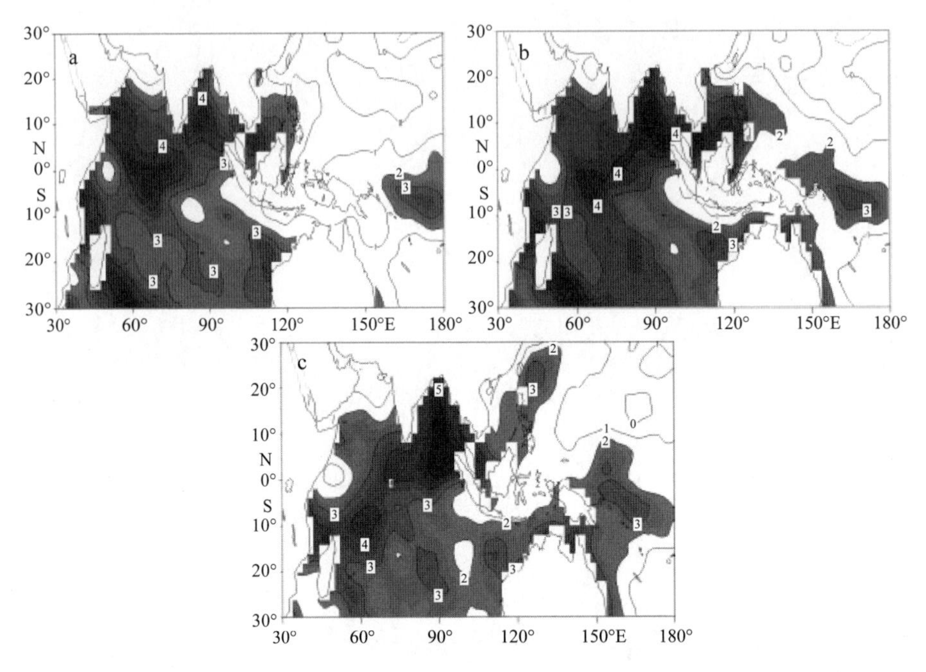

图11-1　强台风事件发生前2个月至当月海表温度异常度差异显著性检验值分布，阴影部分可通过信度95%的显著性检验（a. 前2个月；b. 前1个月；c. 当前月）

11.3.2　大气热状况

图 11–2 所示的是强台风事件发生前 2 个月至当月 700 hPa 相对湿度异常度差异显著性检验值分布。由图 11–2 中可见，从前 2 个月到当前月，从印度洋与太平洋的交汇区到南海南部，相对湿度异常偏高，可通过显著性检验；与之形成鲜明对比的是，该区域周围的区域，相对湿度是偏低的。从图 11–2 中还可看出，从前 2 个月到前 1 个月，显著性偏高区域能扩展到南海北部。另外，从图 11–2 中还可见，显著异常偏高区域的位置和形状正是台风活动时水汽通道。由此可见，前期从赤道沿南海的水汽通道上 700 hPa 相对湿度异常偏高为海南强台风事件发生提供了水汽背景。

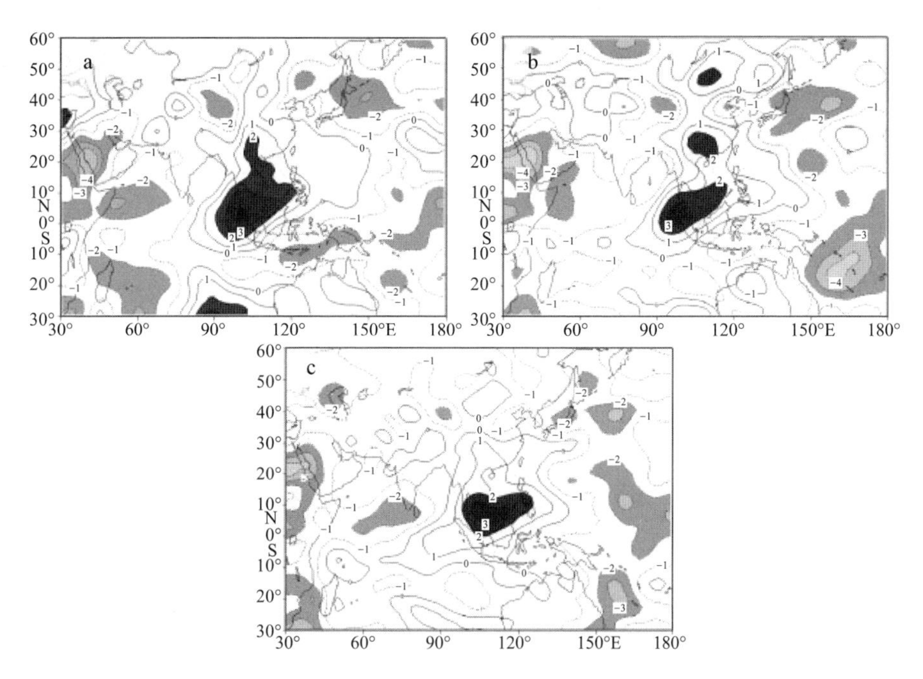

图11-2　强台风事件发生前2个月至当月700 hPa相对温度异常度差异显著性检验值分布，阴影部分可通过信度95%的显著性检验（a. 前2个月；b. 前1个月；c. 当前月）

图 11-3 所示的是强台风事件发生前 2 个月至当月静力不稳定度的异常度差异显著性检验值分布。由图 11-3 中可见，从前 2 个月到当月，热带印度洋大部和西北太平洋的静力不稳定度均可通过差异显著性检验，说明 在台风事件发生当月和发生之前的 2 个月里，这些区域的热力状况表现为显著不稳定。由此可见，前期热带印度洋和西北太平洋海域的静力稳定度异常是海南强台风事件发生的重要大气热状况背景。对不同时段通过显著性检验的区域做更细致地分析可见，在南海北部（海南岛南侧）海域在该 3 个月中有一定的变化。与前 2 个月相比，前 1 个月的显著异常区更为贴近海南岛；与前 1 个月相比，当前月的显著异常区在南海北部有明显的撤退。这意味着，由于强台风事件的发生，海南岛周边区域的不稳定能量得到释放，从而使不稳定度变低。

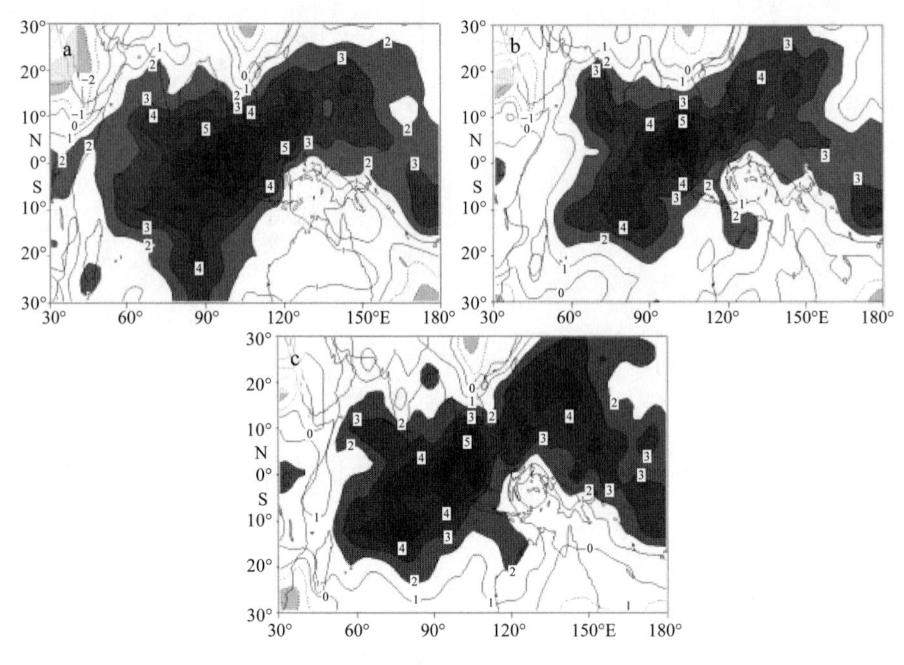

图11-3 强台风事件发生前2个月至当月静力不稳定的异常差异显著性检验值分布，阴影部分可通过信度95%的显著性检验（a. 前2个月；b. 前1个月；c. 当前月）

图 11-4 所示的是强台风事件发生前 2 个月至当月对流层厚度（1 000 hPa 与 200 hPa 间的位势高度差）的异常度差异显著性检验值分布。由图 11-4 中可见，从前 2 个月至当月，热带印度洋大部和南海附近的西北太平洋上空对流层厚度显著偏厚，可通过差异显著性检验。说明在台风事件发生当月和发生之前的 2 个月里，这些区域上空对流层明显增厚。对流层增厚，有利于对流向深厚发展，由此可见，前期热带印度洋和南海附近的西北太平洋上空对流层厚度异常增厚也是海南强台风事件发生的重要大气热状况背景。类似地，对不同时段通过显著性检验的区域做更细致地分析可见，南海北部（海南岛南侧）海域在这 3 个月中也有一定的变化。与前 2 个月相比，前 1 个月的显著异常区更为贴近海南岛；而与前 1 个月相比，当前月的显著异常区在南海北部有一定的撤退（显著异常区重新离开海南岛）。这意味着，

由于强台风事件的发生，海南岛周边区域的不稳定能量得到释放，稳定度增大，从而大气层厚度降低，与前述的分析一致。

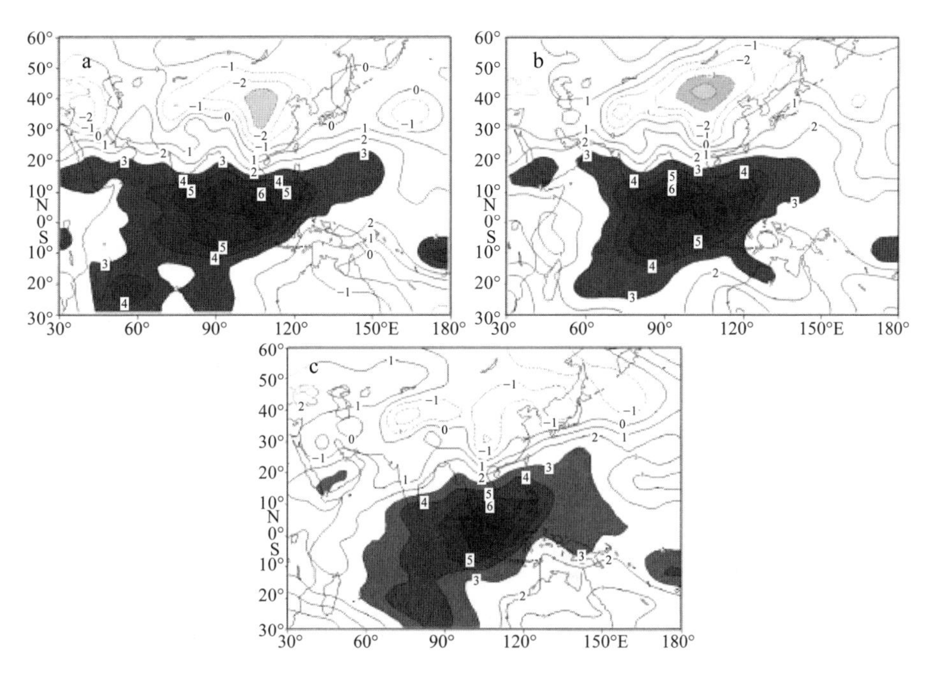

图11-4　强台风事件发生前2个月至当月静力不稳定的异常差异显著性检验值分布，阴影部分可通过信度95%的显著性检验（a. 前2个月；b. 前1个月；c. 当前月）

11.3.3　动力背景

以上分析的是海南强台风事件发生的热力背景，这些背景为强台风灾害事件的发生提供了条件。但是，正如天气过程的发生，在热力条件满足的基础上，还需要一定的动力条件一样，强台风事件的发生也需要一定的动力条件。那么强台风事件发生的动力背景是什么呢？图 11-5 所示的是强台风事件发生前 2 个月至当月 850 hPa 经向风的异常度差异显著性检验值分布。由图 11-5 中可见，从前 2 个月到当月，从我国东北，经华中到华南有显著的经向北风异常（负的高值区）。前 2 个月，北风异常高值区非常宽广，在中部，从华中至我国东部沿海的广阔区域均为负的高值区。在南部，华南东部和海南均为负的高值区。前 1 个月，中部和南部的异常北风区发生了明显的变化，在中部，异常高值区收缩至华中地区，在南部则收缩至华南中部的狭窄区域，但海南附近的部分则从海南岛东部移至了海南岛西部。而在当月，南部的高值区明显收缩，且从海南岛西部继续西退，海南岛上空不再为显著北风异常区。前 2 个月至当月的北风异常显著区域分布及其变化表明，海南强台风事件发生需要北风异常，即需要冷空气活动相对频繁，且冷空气能南下入侵南海。这一定程度上解释了海南的强台风事件主要发生在秋季，而夏季相对较少的原因，因为夏季冷空气较难到达南海，因而缺少了强台风事件发生的动力背景。以上分析表明，从东北经华中到海南的北风异常是海南强台风事件发生的动力背景。

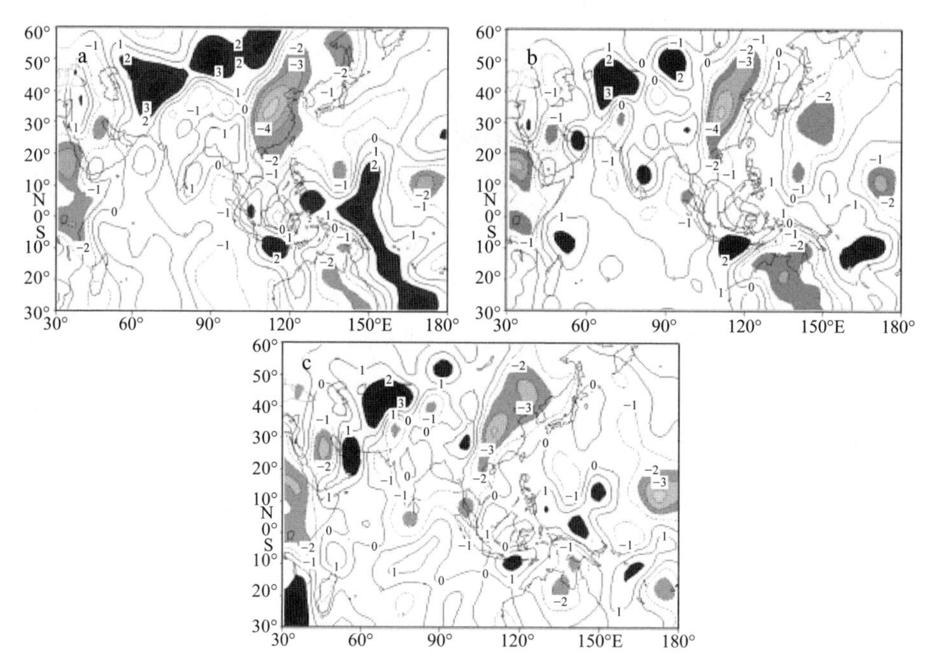

图11-5　强台风事件发生前2个月至当月850 hPa经向风场的异常差异显著性检验值分布，阴影部分可通过信度95%的显著性检验（a. 前2个月；b. 前1个月；c. 当前月）

11.4　结论

本章对分析强台风事件的气候特征及事件发生的海气背景进行了分析，得出的主要结论有：

（1）热带印度洋海温异常偏高，前期南海海温异常偏高发展是海南强台风事件发生的海温背景。

（2）前期南海水汽通道上 700 hPa 相对湿度异常偏高为海南强台风事件发生提供了水汽背景。

（3）前期热带印度洋和西北太平洋海域的静力不稳定度异常、热带印度洋和南海附近的西北太平洋上空对流层厚度异常增厚是海南强台风事件发生的重要大气热状况背景。

（4）从东北经华中到海南的北风异常是海南强台风事件发生的动力背景。

第 12 章　海南岛强台风事件的先兆因子探析

12.1　引言

每年我国东南和华南沿海地区都会受到热带气旋（Tropical Cyclone，以下简称 TC）的显著影响[1–3]，其中海南是受到明显影响的地区之一。随着全球变暖，部分极端气候事件的发生越来越频繁[4]，但王小玲和任福民[5]的研究指出，1957—2004 年间强热带气旋频数呈显著减少趋势，强度越强，减少趋势越明显。赵珊珊等[6]和曹楚等[7]关于西北太平洋热带气旋频数和强度的分析也得出类似的结论，即西北太平洋近中心最大风速不小于 58 m/s 的超强台风频数有长期减少趋势，西北太平洋热带气旋频数、平均强度和极端强度均呈下降趋势。这些分析表明全球变暖导致的西太平洋海表温度升高并未直接造成超强台风增多，说明影响强台风发生的因素更加复杂，值得进一步研究。

太平洋年代际振荡（Pacific Decadal Oscillation，PDO）作为一种年代际时间尺度上的气候变率强信号，其冷暖位相是年际变率的重要背景，对气候系统的年际变化具有重要的调制作用。研究表明 PDO 对太平洋及北美的气候有显著影响[8]，也分别影响着汛期中国长江中下游地区和华南地区降水量与太平洋海温的年际关系[9–10]。朱益民和杨修群[11]研究了 PDO 对中国气候变率的影响，指出 PDO 对 ENSO 事件影响中国夏季气候异常具有调制作用。何鹏程和江静[12]进一步指出 PDO 能调制 ENSO 对西太平洋热带气旋的影响，PDO 不同位相时，热带气旋活动与赤道东西太平洋 SST 的相关性不同，其频次和生成源地也不同，冷位相时生成源地偏东，暖位相时生成源地偏西。

ENSO循环是年际变化的强信号，与热带气旋活动非常密切。在西北太平洋，ENSO不同位相生成热带气旋强度不同，已有研究认为厄尔尼诺年平均台风活动会更活跃[13]，热带气旋生成更强[14]。Camargo等[13]发现累计气旋能量（ACE）和ENSO指数相关很好，支持了以上结论。Wang和Chan[14]的研究也表明，热带风暴平均发生天数在厄尔尼诺年更多，ENSO的暖（冷）位相分别为159（84）天。ENSO的滞后影响则不同，黄勇等[15]指出ENSO事件的当年9月到次年8月冷事件年相对于暖事件年会有更多的台风生成和登陆。Saunders等[16]研究认为厄尔尼诺年时西北太平洋大部分海域台风活跃，但南海区域除外。

平流层准两年振荡（Quasi-Biennial Oscillation，QBO）对热带气旋活动也有调制作用，Chan[17]认为QBO主要在非ENSO年调制西北太平洋的热带气旋频数，在ENSO年调制作用不明显。Ho等[18]的研究则认为QBO与西北太平洋热带气旋频数没有关系，而对其路径有调制作用。在QBO西风位相年，到达中国东海的热带气旋频数偏多，而在东风位相年，到达日本东岸的频数偏多。此外，大气季节内振荡对热带气旋活动也有重要的调制作用。田华等[19-20]研究认为热带大气季节内振荡（Intraseasonal Oscillation，ISO）对西北太平洋台风的生成路径具有明显的调节作用。多台风年，菲律宾以西地区大气季节内振荡较弱，东传不明显；菲律宾以东地区积云对流较强，热带大气30～60 d低频振荡也偏强，与台风生成相关的传播特征为源自赤道140°—160°E附近季节内振荡的西北方向传播。对于西移路径和西北移路径的台风，热带大气ISO的影响起着更为重要的作用。

此外，黄小燕等[21]则认为南海热带辐合带年际和年代际异常对非移入性南海TC频数有显著影响。张翔等[22]讨论了西北太平洋季风槽与热带气旋生成大尺度环境因子的联系。本章关注的是海南岛强台风事件发生前，不同时间尺度的海洋–大气特征是否具有比较一致的特征，这些不同尺度的气候信息如何相互配置或协同作用从而导致海南岛受到强台风事件的影响，力求从寻找超前信号的角度解释海南岛强台风事件发生的气候背景。

12.2 资料和方法

本章主要使用了1967—2015年台风资料、海南历史灾情资料和再分析资料。台风资料来自中国气象局《台风年鉴》[23]；海南历史灾情资料来自《中国气象灾害大典（综合卷）》[24]和《海南年鉴》[25-27]；再分析资料来自美国气象环境预报中心（National Centers for Environmental Prediction，NCEP）和美国国家大气研究中心（National Center for Atmospheric Research，NCAR）联合制作的NCEP/NCAR再分析数据集[28]。

本章用到的ENSO指数为4—9月平均的BEST指数[29]。该指数可以更好地反映ENSO循环过程中，海气相互作用的真实状态，比单纯使用海温指数或者大气指数更能全面反映ENSO发展的过程及其影响。之所以选4—9月平均的BEST指数进行分析，是因为考虑了海南的强台风事件发生在下半年（见3.2.2节分析），而海洋对大气有明显的滞后影响，同时还考虑了业务应用的可行性，即一般要提前1—3个月预报台风活动的气候趋势。下面以原BEST指数X为基础，构建新的BEST指数Y，构建标准为式（12−1）和式（12−2）：

冷期：

$$y=f(x)=\begin{cases}1, -1.0 \leqslant x_i \leqslant -0.28 \\ -1, x_i > -0.28 \text{ 或 } x_i < -1.0\end{cases} \quad i < 1988 \qquad (12-1)$$

暖期：

$$y=f(x)=\begin{cases}1, -1.0 \geqslant x_i \geqslant 0.28 \\ -1, x_i > 0.28 \text{ 或 } x_i < -1.0\end{cases} \quad i \geqslant 1988 \qquad (12-2)$$

1967—2015年原BEST指数X的标准差为0.85，定义原BEST指数为负时是拉尼娜状态，为正时是厄尔尼诺状态；定义中等强度拉尼娜状态对应原BEST指数的取值范围为[−1,−0.28（即δ/3）]，中等厄尔尼诺状态对应原BEST指数的取值范围为[0.28,1]。1967—2015年中处于中等强度拉尼娜（厄尔尼诺）状态的年份为15（13）年，分别占31%（26%）。新构建的BEST指数的物理意义为：中等强度的拉尼娜状态（冷期，1987 年前）和中等强度的厄尔尼诺状态（暖期，1988 年后）有利于海南岛出现强台风事件（原理见 12.4.2 节）。

本章用到的准两年振荡（Quasi-bennial Oscillation，QBO）指数为 4—9 月（对时间段的选择标准同上）平均的 QBO 值。结合 ENSO 与 QBO 的共同影响，构建指数 BEST-QBO，构建标准为式（12-3）：

$$w=f(z,y)=\begin{cases}1, y=1 \text{ 且 } z_i < 8.0\\ -1, y=-1 \text{ 或 } z_i \geqslant 8.0\end{cases} \tag{12-3}$$

式中 y 为新 BEST 指数，z 为原 QBO 指数，w 为构建的 BEST-QBO 指数。1967—2015 年 QBO 指数 x 的标准差为 12.0，定义 QBO 强西风切变事件临界值为 8（即 2δ/3），1967—2015 年中共出现 12 次强西风事件，占 25%。BEST-QBO 指数的物理意义为：平流层低层强西风切变将抑制 ENSO 状态下影响海南岛的强台风活动（原理见 12.4.3 节）。

同时，我们也定义了强台风指数 S：

$$S=f(i)=\begin{cases}1, i\subset C\\ -1, i\not\subset C\end{cases} \tag{12-4}$$

C= {1970, 1971, 1972, 1973, 1974, 1981, 1982, 1984, 1987, 1991, 2005, 2012, 2014}

海南岛有强台风事件发生年为指数“1”，否则为“−1”，见式（12-4），其中 C 为强台风事件发生年。

12.3　海南岛强台风事件

根据海南台风灾情发生实际和防台减灾需要，可以这样定义海南岛的强台风事件（Hainan Island Violent Typhoon Event，HIVTE）：当热带气旋在进入海南岛严重影响区后（见 10.1），强度仍保持在 14 级（强台风级）或以上，并维持 6 小时以上

（台风数据中表现为 1 个时次）或以上，这次事件被称为 HIVTE。根据以上定义对影响海南岛的热带气旋进行排查，1967—2015 年严重影响海南的强台风有 15 个（表 12-1），这些强台风均给海南带来了非常严重的损失。平均来看，这些强台风出现的频率平均约为每 4 年 1 次。本章所指的强台风特指按以上判据所排查出来的热带气旋。

表 12-1　严重影响海南岛的强台风简表

序号	年份	编号	月份	源地	南海和西北太平洋海温年代际背景[①]	西太副高年代际背景[①]	BEST[②]
1	1970	701339	10	太平洋	冷	弱	−0.34
2	1971	712639	10	太平洋	冷	弱	−1.00
3	1972	722033	11	太平洋	冷	弱	1.33
4	1973	731417	9	太平洋	冷	弱	−0.88
5	1974	742334	10	太平洋	冷	弱	−0.85
6	1981	810506	7	太平洋	冷	弱	−0.28
7	1982	822124	10	太平洋	冷	弱	1.46
8	1984	841015	9	太平洋	冷	弱	−0.33
9	1987	198710	8	太平洋	冷	弱	1.92
10	1991	910607	7	太平洋	暖	强	0.95
11	1991	911113	8	太平洋	暖	强	0.95
12	2005	200518	9	太平洋	暖	强	0.47
13	2012	201223	10	太平洋	暖	强	0.35
14	2014	201409	7	太平洋	暖	强	0.40
15	2014	201415	9	太平洋	暖	强	0.40

①说明见 12.4.1 节，1987 年前被定为冷期，之后为暖期。②说明见 12.4.2 节。

对表 12-1 中各事件发生的年份进行分析，可见 HIVTE 存在明显的年际和年代际变化特征。首先，HIVTE 出现频次存在明显的年代际变化特点，20 世纪 70 年代出现了 5 次，20 世纪 80 年代出现 4 次，20 世纪 90 年代则只出现了 2 次，而到 21 世纪初则只出现了 1 次，21 世纪 10 年代又开始增多，截至 2015 年已出现了 2 次。

20 世纪 70 年代到 21 世纪初呈明显的减少趋势。其次，HIVTE 活跃和间歇的年际变化特征也很明显，具有连续发生的特点，活跃时期和间歇时期的连续性都较高。1970—1974 年连续 5 次出现，接下来是 1975—1980 年的间歇期；1981—1984 又集中出现了 3 次，之后是连续 6 年的间歇期。

12.4　强台风事件发生的气候背景

气候系统存在年代际变化，虽然 PDO 及与其相关的一些大气活动中心近期年代际变化的突变点发生在 1976/1977 年前后 [30]，但是不同地域、不同天气（气候）系统年代际变化的突变点可能不同 [31–34]。南海热状况（表面气温、海表温度）的气候变化显示夏、秋季突变发生在 20 世纪 80 年代，冬、春季的突变发生相对较晚，在 20 世纪 90 年代。西太平洋暖池对菲律宾周围对流活动、西太副高和季风槽均有内在影响，从而影响该区域的台风活动 [35]，因此，很有必要了解南海和西北太平洋海温的年代际变化。

前人的研究表明，ENSO 是西北太平洋热带气旋（Western North Pacific tropical cyclone，WNPTC）活动年际变化的重要调制因子 [36–38]。陶丽等 [39] 指出，在不同年代际背景下，ENSO 与 WNPTC 的关系不同，同时还分析了不同时期（1969—1988 年和 1989—2008 年）7—11 月西北太平洋强 TC 年频数与同期 SST 的相关，显示在前一时期（对应 12.4.1 节分析的冷期）强 TC 频数与热带印度洋和中国近海（包括南海）的 SST 呈显著正相关；而在后一时期（对应 12.4.1 节分析的暖期），强 TC 频数与西北太平洋 SST 呈显著负相关，而与热带中东太平洋呈（特别是热带中太平洋）显著正相关。也就是说，在冷期，拉尼娜年，南海 SST 偏高，对应西北太平洋强 TC 偏多；在暖期，厄尔尼诺年，热带中东太平洋 SST 偏高，南海 SST 偏低时，有利于西北太平洋强 TC 增多。ENSO 与 HIVTE 的关系是否如此?

前人的研究指出 QBO 对热带气旋活动有调制作用。李崇银和龙振夏 [40] 分析表明,西太平洋台风数与平流层QBO的关系同大西洋风暴数与QBO的关系[41-42]相反,平流层QBO的西风位相有利于大西洋风暴的发生，却不利于西太平洋台风的生成。随后，李崇银和龙振夏[40]分析西太平洋副高活动与QBO的关系，指出平流层低层纬向风的垂直切变同西太平洋副高活动有关，东（西）风切变对应着脊线位置偏北的较强（弱）副高形势。平流层低层东（西）垂直切变在赤道对流层上部所引起的异常上升（下沉）运动，导致Hadley环流的异常加强（减弱），进而导致西太平洋副高准两年振荡。刘玮等[43]研究了热带平流层准两年振荡对热带对流层顶和深对流活动的影响，指出QBO东风位相下的对流活动要强于QBO西风位相下的对流活动，QBO造成的高度、温度异常和对流层有效位能（CAPE）异常与大气射出长波辐射（OLR）异常在水平分布上有较一致的变化,QBO通过调节对流层顶高度、温度以及通过调节对流层的静力稳定度、CAPE来影响热带的深对流活动。而对流活动无疑与热带气旋活动有关。

本节从年代际、年际多时间尺度的角度，分别探析西太平洋海温和副热带高压的年代际变化、ENSO循环、QBO位相等影响HIVTE发生的先兆因子。

12.4.1 西太平洋海温和副热带高压的年代际变化特征及其可能影响

对南海和西太平洋西部（影响海南的强台风生成和移动区域）海表温度进行经验正交模态（EOF）分解（图12-1），得到第一模态的方差贡献可达68.5%，远大于第二模态的9.5%，说明它可以反映该场变化特征的主要信息。第一模态的空间分布（图12-1a）表现为全场一致型，中心区域位于菲律宾及其以东部洋面，这些区域正是西北太平洋热带气旋活跃区，也正是影响海南岛的强台风生成源地（图12-1）。南海和西北太平洋海表温度EOF分解第一模态的时间系数表现为明显的年代际变化特征（图12-1b），利用M-K检验，可见20世纪80年代后期为突变点（图12-1c），突变点在1987年前后。

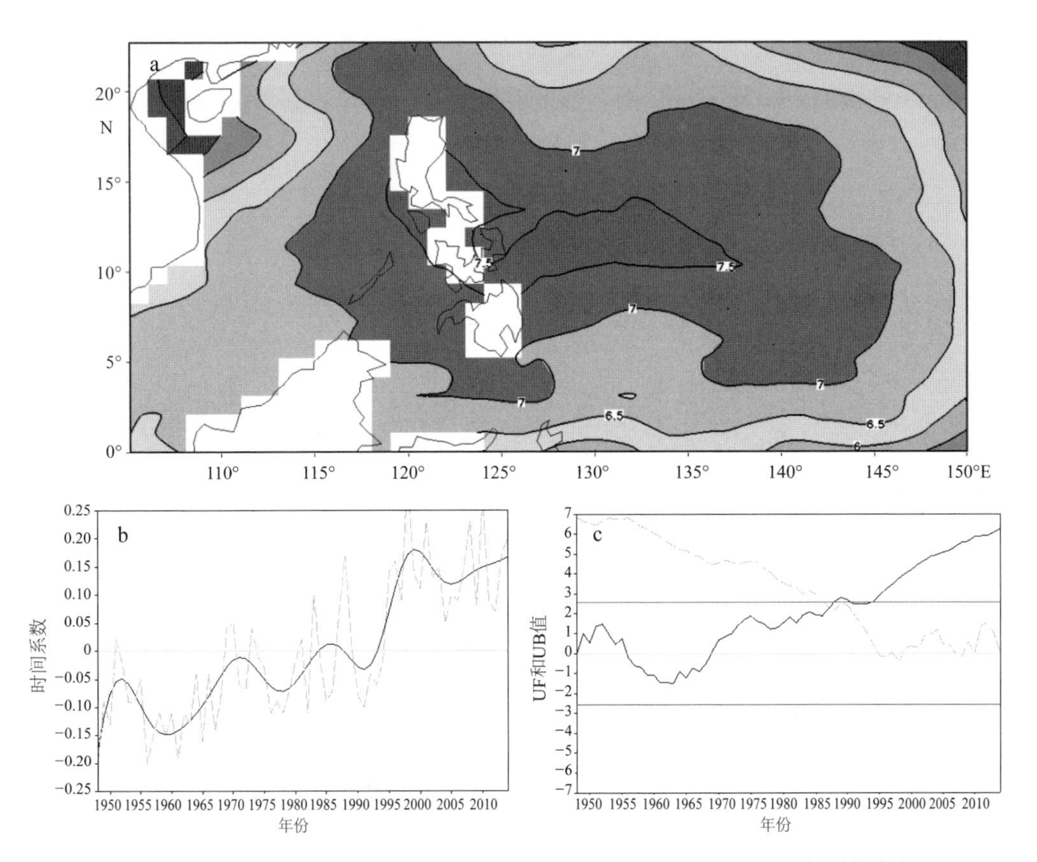

图12-1　南海和西北太平洋海表温度EOF分解第一模态的空间分布（a）和时间系数演变（b）及其M-K检验（c）

由于 HIVTE 中热带气旋的发生发展和移动与西太平洋副热带高压联系密切，有必要分析西太平洋副热带高压的年代际变化。图 12−2a，图 12−2b 所示的是 1967—1987 年和 1988—2015 年平均各月副高所处位置及各自对应时段内 HIVTE 中 TC 源地坐标。由图可见，1987 年后副高明显的加强西伸，脊线和脊点南移，在新平均态下，6 月和 11 月的副高脊点已向南越过 20°N，10 月副高南界非常接近 20°N；如果把月平均的 588 线作为副高界线的话，1967—1987 年平均 9 月和 10 月的副高南界位于 20°—25°N 之间，1988—2015 年平均则是 7 月和 9 月副高南界位于 20°—25°N 之间，而 10 月的副高南界已向南越过 20°N。对照表 12-1 中各月 HIVTE 的发生频次及其变化与副高位置及其变化，可见二者之间有很好的对应关系。首先，上半年以及 11 月后，副高脊线接近 20°N 或以南，其南侧活动的台风很难移动至海南岛；其次，8 月 HIVTE 相对较少与副高脊线和南界相对偏北（远离海南岛所在纬度）有关；第三，20 世纪 80 年代中期后 HIVTE 在 10 月发生频次变少以及 11 月从有至无，与 10 月和 11 月份副高在变大变强后脊线接近 20°N，其南界显著南扩而不利于台风移动至海南岛有关；第四，20 世纪 80 年代中期后 HIVTE 在 7 月和 8 月发生的占比增加，则可能与副高变大变强后其脊点和南界更接近海南岛所在纬度有关；第五，HIVTE 发生频次明显减少，可能与副高变大变强后压缩了 HIVTE 中 TC 生成与活动的空间有关。

为更好地了解西太平洋副热带高压的突变，我们对 HIVTE 中 TC 活动频数最多的两个月份（7 月和 10 月）平均的副热带高压面积和强度指数进行 M-K 检验，结果如图 12-2c，图 12-2d。由图可见，7 月和 10 月平均副高面积和强度指数呈显著增大增强趋势，而突变点在 1987 年前后，与前述南海和西太平洋海温的年代际突变点一致。

以上分析表明，西太平洋海温和上空副高显现相似的年代际变化，并可能影响 HIVTE 的年代际变化。而表 12-1 正表现了明显的年代际变化特征，1967—1987 年间的 21 年里，HIVTE 出现了 9 次（在 9 年中），而 1988—2015 年间的 28 年里，HIVTE 只出现了 6 次（在 4 年里），说明 HIVTE 存在由多到少的年代际变化。年代际尺度上，1967—1987 年间，南海和西北太平洋海温为冷状态，其上空副热带高压为弱状态；而 1988 年后南海和西北太平洋海温为暖状态，其上空副热带高压为强状态。基于以上缘由，可以把 1967—1987 年定义为西太副高弱背景（海温冷背景），下文称之为冷期；把 1988—2015 年定义为西太副高强背景（海温暖背景），下文称之为暖期。

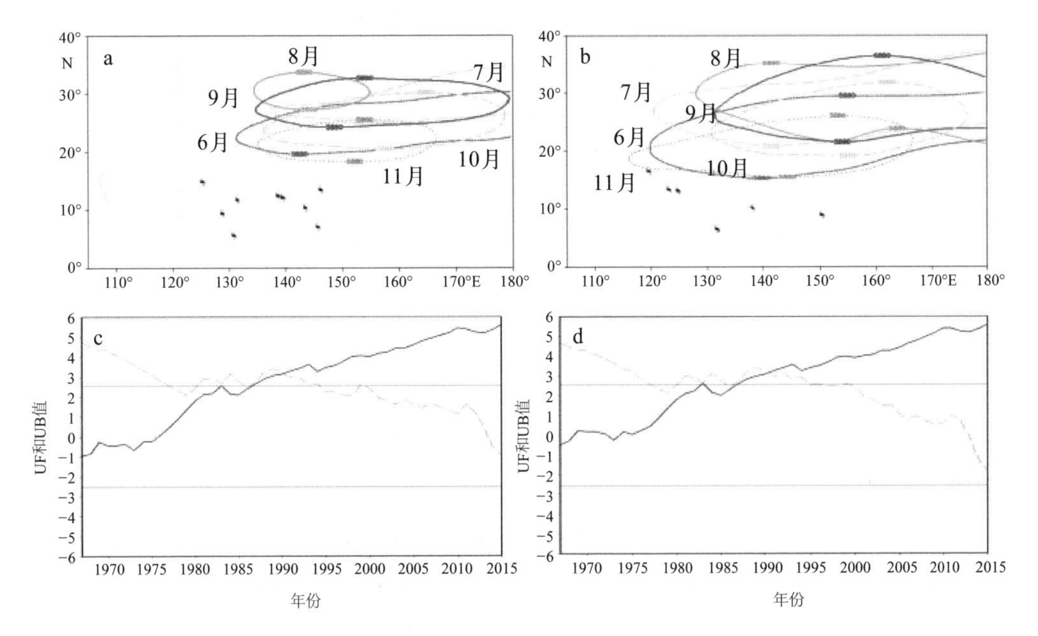

图12-2　1967—1987年（a）和1988—2015年（b）平均各月副高位置及对应时期内HIVTE中TC源地（6月：红线；7月：黄线；8月：橙线；9月：紫线；10月：绿线；11月：蓝线）；1967—2015年7月和10月平均西北太平洋副热带高压面积（c）和强度（d）指数的M-K检验

12.4.2　ENSO 循环的影响

表 12-1 可见，在冷期，HIVTE 主要出现在拉尼娜状态年，1987 年前的 9 次 HIVTE 有 6 次出现在拉尼娜状态年，仅 3 次出现在厄尔尼诺状态年。在暖期（1988—2015 年），共出现 6 次 HIVTE，分别为 1991 年（2 次）、2005 年、2012 年和 2014 年（2 次），均为厄尔尼诺状态年。为进一步分析不同阶段 ENSO 对强台风事件的影响，我们取 4—9 月的 BEST 指数平均，用“−1”“1”转换构建新指数序列（表 12−2）。由于不同时期 SST 与强 TC 频数的关系不同，1987 年前后的构建标准也不同，在 1987 年前，BEST 指数不小于 −1.0 且不大于 −0.28（1/3 倍标准差）、或者大于 1.0 时，用“1”替换，大于 −0.28 且小于 1.0，或者小于 −1.0 用“−1”替换；在 1988 年之后，BEST 指数不小于 0.28 且不大于 1 用“1”替换，大于 1 或小于 0.28 用“−1”替换。该定义的物理意义为，在冷期，中等强度的拉尼娜状态

利于海南岛强台风事件发生；在暖期，中等强度的厄尔尼诺状态有利于海南岛强台风事件发生，这与谢佩妍等（2018）[34]得出的厄尔尼诺衰减年有利于热带气旋影响南海结论一致。另一方面，定义强台风事件指数（HIVTE）的标准为：有强台风事件发生的年份，其指数为“1”，否则指数为“−1”。图 12−3 为 BEST 新构指数和强台风事件指数序列。由图可见，BEST 指数与 HIVTE 指数有良好的符号一致率（正相关），两者的相关系数达 0.755，可通过信度 99.9% 的显著性检验。1987 年前的 21 年里，有 19 年符号相同，同号率达 90.5%，相关系数为 0.826；1988 年后的 28 年里，有 24 年符号相同，同号率达 85.7%，相关系数为 0.645。两段时期两指数的相关系数均可通过信度 99.9% 的显著性检验。

表 12-2　1967—2015 年的原始 ENSO 和 QBO 指数及构建的强台风、ENSO 和 QBO 指数

年份	HIVTE	原 BEST	BEST	原 QBO	BEST-QBO	年份	HIVTE	原 BEST	BEST	原 QBO	BEST-QBO
1967	−1	−0.21	−1	−0.5	−1	1988	−1	−1.28	−1	0.6	−1
1968	−1	−0.07	−1	−17.7	−1	1989	−1	−0.79	−1	−11.1	−1
1969	−1	0.71	−1	8.4	−1	1990	−1	0.20	−1	11.4	−1
1970	**1**	**−0.34**	**1**	**−16.2**	**1**	**1991**	**1**	**0.95**	**1**	**−4.6**	**1**
1971	**1**	**−1.00**	**1**	**7.5**	**1**	*1992*	*−1*	*0.84*	*1*	*−10.8*	*1*
1972	**1**	**1.33**	**1**	**−10.4**	**1**	1993	−1	1.14	−1	5.1	−1
1973	**1**	**−0.88**	**1**	**6.9**	**1**	1994	−1	1.07	−1	−21.8	−1
1974	**1**	**−0.85**	**1**	**−14.9**	**1**	1995	−1	0.21	−1	11.8	−1
1975	−1	−1.50	−1	4.5	−1	1996	−1	−0.43	−1	−19.8	−1
1976	−1	0.34	−1	1.9	−1	1997	−1	1.97	−1	12.5	−1
1977	−1	0.87	−1	−14.7	−1	1998	−1	−0.49	−1	−18.4	−1
1978	−1	−0.43	1	8.6	−1	1999	−1	−0.83	−1	13.6	−1
1979	−1	0.07	−1	−17.0	−1	2000	−1	−0.52	−1	−8.1	−1
1980	−1	0.39	−1	7.8	−1	2001	−1	0.21	−1	−20.4	−1

续表

年份	HIVTE	原 BEST	BEST	原 QBO	BEST-QBO	年份	HIVTE	原 BEST	BEST	原 QBO	BEST-QBO
1981	**1**	**−0.28**	**1**	**−2.4**	**1**	2002	−1	1.04	−1	11.8	−1
1982	**1**	**1.46**	**1**	**−8.8**	**1**	2003	−1	0.24	−1	−18.3	−1
1983	−1	0.48	−1	1.9	−1	2004	−1	0.63	1	10.2	−1
1984	**1**	**-0.33**	**1**	**−21.1**	**1**	**2005**	**1**	**0.47**	**1**	**−20.0**	**1**
1985	−1	−0.47	1	12.1	−1	2006	−1	0.54	1	9.5	−1
1986	−1	0.17	−1	−2.4	−1	2007	−1	−0.12	−1	−20.2	−1
1987	**1**	**1.92**	**1**	**−11.1**	**1**	2008	−1	−0.47	−1	11.3	−1
						2009	*−1*	*0.46*	*1*	*−5.9*	*1*
						2010	−1	−1.48	−1	−12.8	−1
2016	−1	−0.22	−1	5.6	−1	2011	−1	−0.87	−1	3.7	−1
2017	−1	0.05	−1	−3.5	−1	**2012**	**1**	**0.35**	**1**	**−24.7**	**1**
2018	−1	0.21	−1	−22.3	−1	2013	−1	−0.48	−1	12.7	−1
2019	−1	0.79	1	11.9	−1	**2014**	**1**	**0.40**	**1**	**−12.3**	**1**
2020	−1	−0.33	−1	0.07	−1	2015	−1	1.99	−1	−0.7	−1

* 表中粗体对应强台风活动年，斜体对应 BEST-QBO 指数未能拟合强台风指数年。

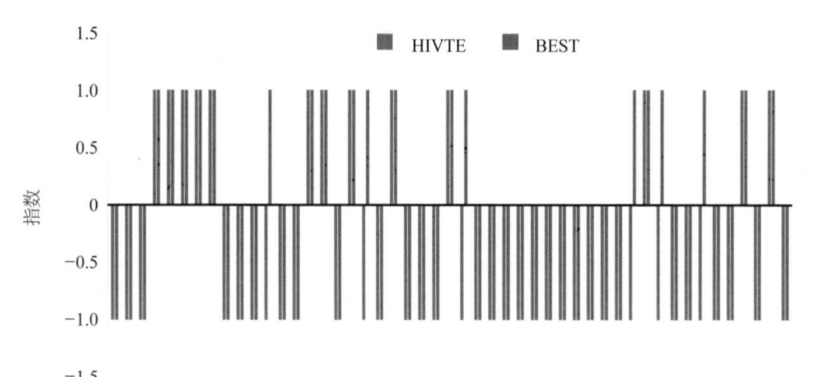

图12−3　1967—2015年的强台风指数（HIVTE）与ENSO活动指数（BEST）

为什么中等强度的拉尼娜状态或厄尔尼诺状态有利于 HIVTE，初步分析认为：当热带太平洋处于中等强度的拉尼娜或厄尔尼诺状态时，在冷期，热带气旋生成位置偏东偏南[43]，拉尼娜状态有利于其西行从而影响海南岛；在暖期，热带气旋生成位置偏北偏西，离海南岛距离近，台风发展时间缩短，而厄尔尼诺状态有利于台风的快速发展。而当热带太平洋处于强拉尼娜状态时，西北太平洋海温异常偏暖，南海和西北太平洋对流异常活跃，不稳定能量易及时释放（海南岛雨日多，降水多），不利于积累发展成强台风或超强台风；同时，西太平洋副热带高压明显偏弱，易偏北,从而引导台风活动西北行或近海北上。当热带太平洋处于强厄尔尼诺状态时，在暖期，副高偏大偏强，脊线和南界均偏南，强厄尔尼诺使这种偏离状态进一步加剧，南海区域往往处于异常沃克环流的下沉区，对流被抑制，不利于强台风生成和到达该地区；而在冷期，副高偏小偏弱，脊线和南界均偏北，强厄尔尼诺让副高西进和脊线南移，反而有利于 HIVTE 的发生。

为了更好地理解暖期强厄尔尼诺状态和中等强度厄尔尼诺状态大气环流对 HIVTE 的不同影响，我们分析了暖期（1988 年以后）强厄尔尼诺状态年（原 BEST 指数大于 1，分别是 1993 年、1994 年、1997 年、2002 年和 2015 年）和强台风事件年（1991 年、2005 年、2012 年和 2014 年）逐日异常风场（某年逐日的经、纬向风与 1981—2010 年 30 年平均的逐日经、纬向风之差）的差异（图 12-4）。图 12-4a、图 12-4b 所示的是海南强台风活动期（由于 1988 年以后强台风事件均发生在 7—10 月，因此这里分析的台风活动期为 7—10 月）各强厄尔尼诺状态年、强台风年逐日异常的 850 hPa 平均风场。由图可见，在强厄尔尼诺状态年（图 12-4a），平均的异常风场表现为，在南海南部为反气旋式异常环流，在华南东部为气旋式异常环流，而在这两个异常环流的交接地区，即南海中北部 10°—20°N 的广大区域为明显的西风异常。一方面，南海南部的反气旋式异常环流抑制对流发展；另一方面，南海中北部的西风异常不利于台风向西或向西北行影响海南岛。而在强台风年（对应中等强度的厄尔尼诺状态年，图 12-4b），在菲律宾北部有较弱的气旋式距平环

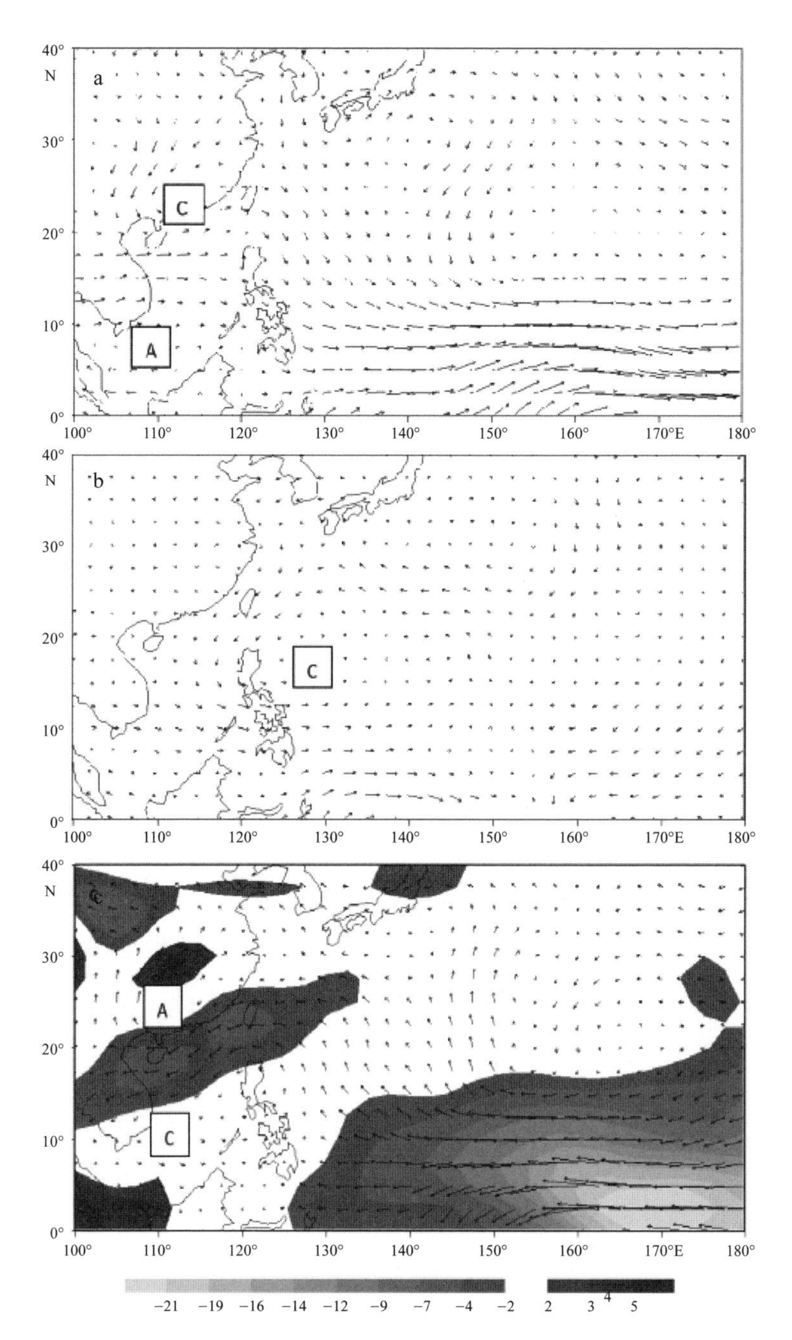

图12-4　海南强台风活动期强厄尔尼诺状态年（a）和强台风年（b）逐日异常的850 hPa平均风场及二者之差（c）（图中阴影表示纬向风可通过95%的显著性检验）

流，该异常环流的西南方向，在10°N南海南部附近为较弱的西风距平，相对于图12-4b中10°—20°N范围的西风异常明显偏弱，海南岛受偏东北风的影响。显然，与强厄尔尼诺状态年相比，海南强台风事件更容易在中等强度的厄尔尼诺状态年发生。图12-4c是强台风年与强厄尔尼诺状态年逐日异常平均风场的差异，可见在南海北部上空的纬向风差异明显，可通过信度95%的显著性检验，该区域向北的华南地区为反气旋式差异环流，向南的南海南部为气旋式差异环流。这种差异更清晰地反映出中等强度厄尔尼诺状态年与强厄尔尼诺状态年相比，南海南部的对流相对活跃，南海北部的偏东纬向风场更有利于TC在菲律宾近海和南海东北部加强并西行或西北行影响海南岛。

12.4.3 QBO位相的影响

前面的分析表明，HIVTE在不同年代际背景下主要由ENSO调制，而QBO的调制又以ENSO为背景。基于这种认识，我们构建了QBO、ENSO协同作用指数BEST-QBO指数（表12-2）：12.4.2节中的BEST指数为“1”（ENSO事件）且4—9月的平均QBO指数小于8（1倍标准差）时，定义BEST-QBO指数为“1”，否则为“-1”。该定义的物理意义为：平流层低层强西风切变将在ENSO状态下抑制海南岛的强台风活动。图12-5所示的是1967—2015年的BEST-QBO指数和强台风事件指数序列。由图可见，相比12.4.2节的BEST指数，BEST-QBO指数与HIVTE的同号率更优，49年的HIVTE拟合中仅2年出现异号，同号率达95.9%，相关系数为0.905，可通过信度99.9%的显著性检验。这说明，即使热带太平洋在冷期（暖期）处于中等强度的拉尼娜（厄尔尼诺）状态，受平流层低层强西风切变的影响，热带深对流活动被抑制，仍然不利于HIVTE的发生。ENSO和QBO的协同作用更有利于提前识别HIVTE是否发生。

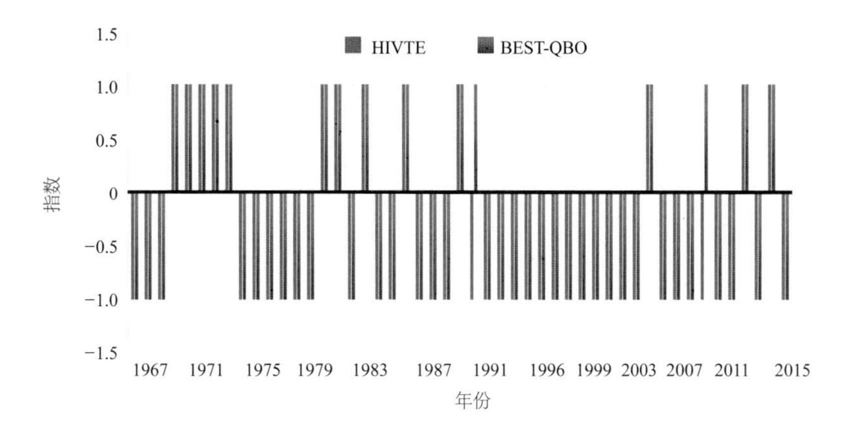

图12-5　1967—2015年的强台风指数（STY）与QBO、ENSO协同作用指数（BEST-QBO）

为了进一步说明平流层低层强西风切变在 ENSO 状态下对 HIVTE 的抑制作用，本章比较了 1988 年后中等强度厄尔尼诺状态年 QBO 在有或无强西风切变两种状态下环流的差异（图 12-6）。无强西风切变年依然取海南强台风事件发生年（1991 年、2005 年、2012 年和 2014 年），有强西风切变（原 QBO 指数大于 8.0）年取 2004 年、2006 年（见表 12-2）。图 12-6 所示的是海南强台风活动期（7—10 月）强台风事件年（a）、QBO 强西风切变年（b）逐日异常的 500 hPa 平均风场及与强台风事件年的差异（c）。由图可见，在弱的西风切变年（图 12-6a），菲律宾以东的气旋式环流非常弱，在南海和菲律宾北部为弱东风距平，而在南海南部 10°N 附近为西风距平，从而在南海北部形成一个很弱的气旋式环流场，有利于对流活动，为 HIVTE 的发生提供了有利的背景。在强西风切变年（图 12-6b），菲律宾以东为明显的气旋式距平流场，菲律宾以西至南海北部处于气旋异常流场西侧，为偏北、偏西风异常，抑制热带深对流活动，不利于强台风活动，进而不利于 HIVTE 的发生。比较二者间的差异（图 12-6c）可见，尽管菲律宾以东的洋面上空为反气旋式差异环流，但影响海南强台风生成的主要源地（10°—15°N，125°—135°E）处于该反气旋差异环流的南部，反而使得南海北部更多受到东风距平的作用，在南海中北部形成弱气旋式环流异常场，有利于对流活动和 TC 生成、发展。该地纬向

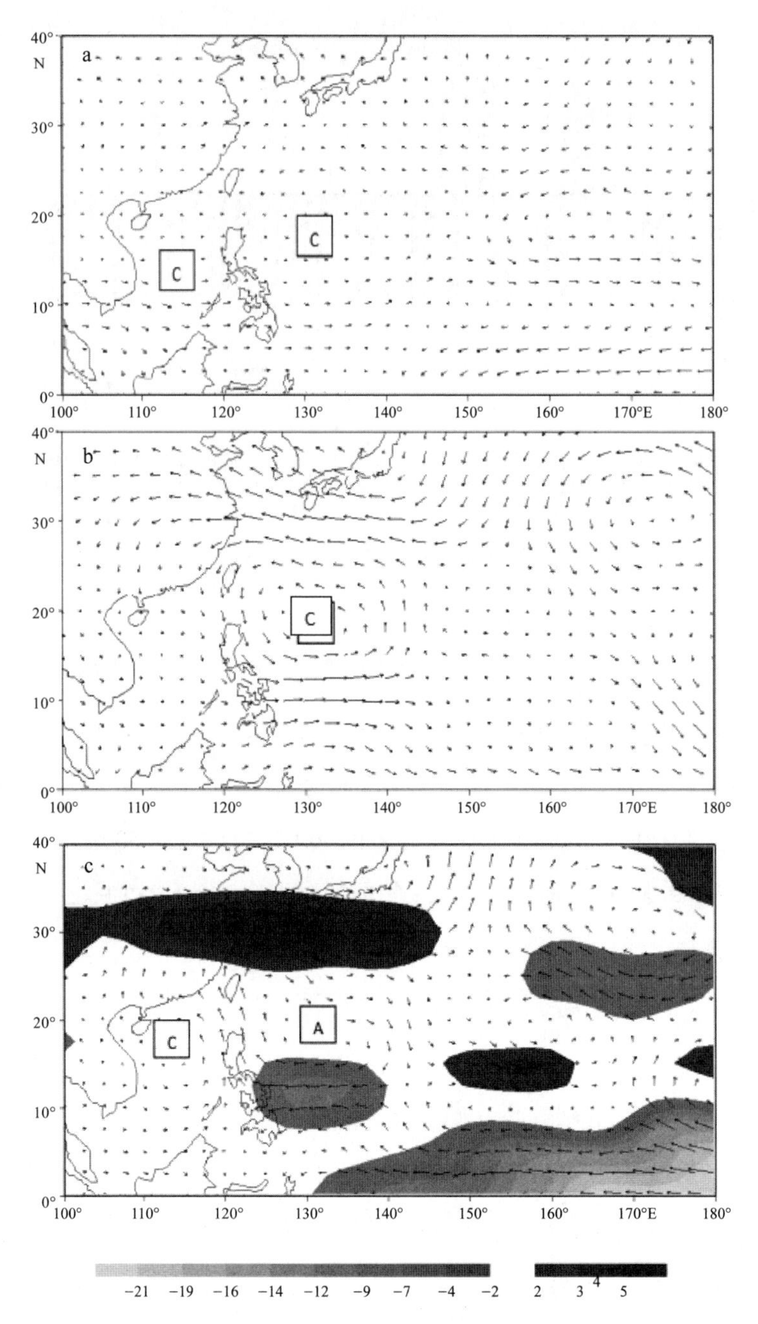

图12-6　海南强台风活动期强台风年（a）和QBO强西风切变年（b）逐日异常的500 hPa平均风场及二者之差（c）（图中阴影表示纬向风可通过95%的显著性检验）

风差异可通过信度 95% 的显著性检验。也就是说，相对强西风切变年，弱的西风切变年环流特征更有利于海南强台风事件的发生。

12.5　结论和讨论

本章基于海南台风灾害发生的实际情况建立了强台风事件发生标准，在 1967—2015 年的热带气旋事件中筛选出 15 个强台风事件个例，分析了强台风事件发生对应的不同时间尺度气候背景，得出的主要结论有：

（1）强台风事件发生有明显的年代际变化特征，20 世纪 70 年代最为频繁，21 世纪初较少出现，同时事件发生的活跃期和间歇期内年际间表现出较好的连续性。

（2）20 世纪 80 年代后期南海和西北太平洋海温的突变式增暖及上空副热带高压的年代际变化为海南岛强台风事件减少提供了年代际特征背景。

（3）ENSO 和 QBO 的共同调制是海南岛强台风事件年际变化的重要因素。中等强度的拉尼娜状态年（冷期，1987 年前）和中等强度的厄尔尼诺状态年（暖期，1988 年后）有利于海南岛出现强台风事件，但平流层低层强西风切变则抑制在两种状态下影响海南岛的强台风活动。

（4）根据年代际变化、ENSO 和 QBO 位相及强度构建的 BEST-QBO 协同作用指数可以很好地拟合海南岛强台风事件（STY）的变化特征，二者同号率达 95.9%。

参考文献

[1] CHAO Q C, CHAO J P. Statistical features of tropical cyclones affecting China and its key economic zones[J]. Acta Meteorological Sinica, 2012, 26(6):758−772.

[2] 丑洁明 , 班靖晗 , 董文杰 , 等 . 影响广东省的热带气旋特征分析及灾害损失研究 [J]. 大气科学 , 2018, 42(2):57−366.

[3] ZHENG Y G, CHEN J, TAO Z Y. Distribution characteristics of the intensity and extreme intensity of tropical cyclones influencing China[J]. Acta Meteorological Sinica, 2014, 28(3):393−406.

[4] 赵思雄 , 孙建华 . 近年来灾害天气机理和预测研究的进展 [J]. 大气科学 , 2013, 37(2):297.

[5] 王小玲 , 任福民 . 1957—2004 年影响我国的强热带气旋频数和强度变化 [J]. 气候变化研究进展 , 2007, 6(6):345−349.

[6] 赵珊珊 , 高歌 , 孙旭光 , 等 . 西北太平洋热带气旋频数和强度变化趋势初探 [J]. 应用气象学报 , 2009, 20(5):555−563.

[7] 曹楚 , 彭加毅 , 余锦华 . 全球气候变暖背景下登陆我国台风特征的分析 [J]. 南京气象学院学报 , 2006, 29(4):455 −461.

[8] LATIF M, BARNETT T P. Decadal climate variability over the North Pacific and North America: dynamics and predictability[J]. Journal of Climate, 1996, 9:2407−2423.

[9] CHANG C P, ZHANG Y, LI T. Interannual and interdecadal variations of the East Asia summer monsoon and tropical Pacific SSTs. Part Ⅰ: Roles of the subtropical ridge[J]. Journal of Climate, 2000a, 13:4310−4325.

[10] CHANG C P, ZHANG Y, LI T. Interannual and interdecadal variations of the East Asia summer monsoon and tropical Pacific SSTs. Part Ⅱ: Meridional structure of the Monsoon[J]. Journal of Climate, 2000b, 13:4326−43410.

[11] 朱益民 , 杨修群 . 太平洋年代际振荡与中国气候变率的联系 [J]. 气象学报 , 2003, 61(6):641−654.

[12] 何鹏程 , 江静 . PDO 对西北太平洋热带气旋活动与大尺度环流关系的影响 [J]. 气象科学 ,

2011, 31(3):266−273.

[13] CAMARGO S J, SOBEL A H. Western North Pacific tropical cyclone intensity and ENSO[J]. Journal of Climate, 2005, 18:2996−3006.

[14] WANG B, CHAN J C L. How strong ENSO events affect tropical storm activity over the western North Pacific[J]. Journal of Climate, 2002, 15:1643−1658.

[15] 黄勇 , 李崇银 , 王颖 , 等 . 近百年西北太平洋热带气旋频数变化特征与 ENSO 的关系 [J]. 海洋预报 , 2008, 25(1):80−87.

[16] SAUNDERS M A, CHANDLER R E, MERCHANT C J, et al. Atlantic hurricanes and NW Pacific typhoons:ENSO spatial impacts on occurrence and landfall[J]. Geophysical Research Letters, 2000, 27(8):1147−1150.

[17] CHAN J C L. Tropical cyclone activity in the western North Pacific in relation to the stratospheric quasi-biennial oscillation[J]. Monthly Weather Review, 1995, 123(8):2567−2571.

[18] HO C H, KIM H S, JEONG J H, et al. Influence of stratospheric quasi-biennial oscillation on tropical cyclone tracks in the western North Pacific[J]. Geophysical Research Letters, 2009, 36:L06702.

[19] 田华 , 李崇银 , 杨辉 . 热带大气季节内振荡与对西北太平洋台风生成数的影响研究 [J]. 热带气象学报 , 2010a, 26(3):283−292.

[20] 田华 , 李崇银 , 杨辉 . 大气季节内振荡对西北太平洋台风路径的影响研究 [J]. 大气科学 , 2010b, 34(3):559−579.

[21] 黄小燕 , 管兆勇 , 何洁琳 , 等 . 南海 ITCZ 异常变化及其对非移入性南海热带气旋 (TC) 活动的可能影响 [J]. 大气科学 , 2017, 41(1):1−14.

[22] 张翔 , 武亮 , 皇甫静亮 , 等 . 西北太平洋季风槽的季节和年际变化特征及其与热带气旋生成大尺度环境因子的联系 [J]. 气候与环境研究 , 2017, 22(4):418−434.

[23] YING M, ZHANG W, YU H, et al. An overview of the China Meteorological Administration tropical cyclone database[J]. Journal of Atmospheric and Oceanic Technology, 2014, 31:287−301.

[24] 丁一汇 . 中国气象灾害大典（综合卷）[M]. 北京：气象出版社 , 2008:229−297.

[25] 海南省人民政府 . 海南统计年鉴（2005）[M]. 海口：海南年鉴出版社 , 2006:9−10.

[26] 海南省人民政府 . 海南统计年鉴（2012）[M]. 海口：海南年鉴出版社 , 2013:49−50.

[27] 海南省人民政府 . 海南统计年鉴（2014）[M]. 海口：海南年鉴出版社 , 2015:51−52.

[28] KALNEY E, KANAMITSU M, KISTLER R, et al. The NCEP/NCAR 40-year reanalysis project[J]. Bulletin of the American Meteorological Society, 1996, 77:437−471.

[29] BIVARIATE ENSO TIME SERIES, http://www.esrl.noaa.gov/psd/data/climateindices/ [2021-03-26] from NOAA/ESRL.

[30] 朱乾根 , 施能 , 吴朝晖 , 等 . 近百年北半球冬季大气活动中心的长期变化及其与中国气候变化的关系 [J]. 气象学报 , 1997, 55(6):750−758.

[31] 刘莉红 , 郑祖光 . 近百余年我国气温变化的突变点分析 [J]. 南京气象学院学报 , 2003, 6(3):378−383.

[32] 苏洁 , 丁一汇 , 赵南 , 等 . 近 50 年中国大陆冬季气温和区域环流的年代际变化研究 [J]. 大气科学 , 2014, 38(5):974−992.

[33] 宋燕 , 季劲钧 . 气候变暖的显著性检验以及温度场和降水场的时空分布特征 [J]. 气候与环境研究 , 2005, 10(2):157−165.

[34] 谢佩妍 , 陶丽 , 李俊徽 , 等 . 西北太平洋热带气旋在 ENSO 发展和衰减年的路径变化 [J]. 大气科学 , 2018, 42(5):987−999.

[35] 王咏梅 , 李维京 , 任福民 , 等 . 影响中国台风的气候特征及其与环境场关系的研究 [J]. 热带气象学报 , 2007, 23(6):538−544.

[36] 黄荣辉 , 皇甫静亮 , 刘永 , 等 . 西太平洋暖池对西北太平洋季风槽和台风活动影响过程及其机理的最近研究进展 [J]. 大气科学 , 2016, 40(5):877–896.

[37] GERSHUNOV A, BARNETT T P. Interdecadal modulation of ENSO teleconnection[J]. Bulletin of the American Meteorological Society, 1998, 79:2715−2725.

[38] 杨修群 , 朱益民 , 谢倩 , 等 . 太平洋年代际振荡的研究进展 [J]. 大气科学 , 2004, 28(6):979−992.

[39] 陶丽 , 靳甜甜 , 濮梅娟 , 等 . 西北太平洋热带气旋气候变化的若干研究进展 [J]. 大气科学学报 , 2013, 36(4):504−512.

[40] 李崇银 , 龙振夏 . 准两年振荡及其对东亚大气环流和气候的影响 [J]. 大气科学 , 1992,

16(2):167−172.

[41] SHAPIRO L. Hurricane climatic fluctuations. Part :Relation to large-scale circulation[J]. Monthly Weather Review, 1982, 110:1014−1023.

[42] GRAY W M. Atlantic seasonal hurricane frequency, Part :El Niño and 30mb quasi-biennial oscillation influences[J]. Monthly Weather Review, 1984, 112:1649−1668.

[43] 刘玮 , 田文寿 , 舒建川 , 等 . 热带平流层准两年振荡对热带对流层顶和深对流活动的影响 [J]. 地球科学进展 , 2015, 30(6):724−736.